Hilfen zur Verbesserung
der Sozialkompetenz

Selbstlernkurs
Mitarbeitermotivation

Bibliografische Information Der Deutschen Bibliothek

Die Deutsche Bibliothek verzeichnet diese Publikation in der Deutschen Nationalbibliografie; detaillierte bibliografische Informationen sind im Internet über http://dnb.ddb.de abrufbar.

ISBN 978-3-89749-743-6

Autor: Dr. Rolf Meier, Hürth
Umschlaggestaltung
Umschlagfotos
Grafiken: Transfer GmbH, Hürth
Satz und Layout: Transfer GmbH, Hürth
Druck und Bindung: Salzland Druck, Staßfurt

2007 Gabal Verlag, Offenbach am Main

3. Auflage 2013

Inhalt

Ein Wort zu Beginn

Ihren Mitarbeitern geht es sicher nicht anders als Ihnen. Nicht immer freut man sich schon beim Frühstück auf den Arbeitstag, nicht immer geht einem die Arbeit reibungslos von der Hand, nicht immer möchte man tagaus, tagein dasselbe machen, nicht jeder hat einen interessanten Arbeitsplatz mit vielen Gestaltungsmöglichkeiten.

Sie als Vorgesetzter wünschen sich gute Arbeitsergebnisse und engagierte Mitarbeiter. Dies lässt sich ohne eine gute Motivationsbasis vielfach nur schlecht erreichen.

Routinearbeit Ungünstige Arbeitsbedingungen Termindruck	Gleichbleibend gute Arbeitsergebnisse Hohe Zufriedenheit Hohes Engagement

Beispiele gibt es dafür viele:

Bsp

Eine Werbeagentur will ein neues Software-System einführen. Der Zeitrahmen für die Einführung ist extrem eng gesteckt, schließlich sollen die Kunden nicht unter der Umstellung leiden. Der IT-Leiter Herr Hüssel teilt seinen Mitarbeitern die Gründe und Ziele der Einführung mit und stellt ihnen einen ersten groben Zeitplan vor. Bei den Mitarbeitern regt sich Widerstand: „Das ist unmöglich zu schaffen. Wir brauchen mindestens zwei Wochen mehr Zeit." Herr Hüssel entgegnet: „Ich weiß, dass die Zeit sehr knapp ist. Ich weiß aber auch, dass wir ein hervorragendes Team sind und dass wir es schaffen können. Setzen Sie sich einmal zusammen und überlegen Sie, wie das gehen könnte und was wir alles brauchen. Machen Sie mir dann ein paar Vorschläge."

Bereits zwei Tage später startete die Umstellung. Herr Hüssel und seine Mitarbeiter haben es geschafft: Sie konnten den Zeitrahmen einhalten – wenn auch mit maximaler Anstrengung und vielen Überstunden.

Mitarbeiter motivieren

▲

Feedback geben

▲

Mit innerer Kündigung umgehen

▲

Mit Fehlverhalten umgehen

▲

Feedbackgespräche führen

Mitarbeiter richtig zu motivieren können Sie lernen. Es gibt nur eine begrenzte Zahl an Möglichkeiten und es gibt eine Reihe von Prinzipien, die Sie beachten sollten. Dies gilt für die Motivation und für den Umgang mit Demotivation.

Ihr Lohn: Ein leistungsfähiges Team und Mitarbeiter, die Freude an ihrer Arbeit haben.

Die folgenden Piktogramme sollen Ihnen die Orientierung erleichtern:

	besonders wichtig		Checkliste oder Arbeitshilfe
	Tipps und Tricks		Umsetzungshilfe
	Aufgabe	Bsp	Beispiel
	Hier finden Sie nähere Informationen.		Sie haben sich eine Pause verdient.

Wir dürfen Ihnen schon jetzt viel Spaß und viel Erfolg wünschen.

Einschätzungshilfe

Mit der folgenden Einschätzungshilfe können Sie eine erste Bestandsaufnahme Ihrer Kompetenz in Sachen Mitarbeitermotivation vornehmen. Bitte seien Sie selbstkritisch bei der Beantwortung der Fragen.

Einschätzungshilfe: Wie gut motivieren Sie Ihre Mitarbeiter?	nie	selten	manchmal	normalerweise	meistens	immer	Punkte
	0	1	2	3	4	5	
1. Lassen Sie Ihren Mitarbeitern Entscheidungsspielräume?	❑	❑	❑	❑	❑	❑	___
2. Stellen Sie besondere Leistungen Ihrer Mitarbeiter heraus?	❑	❑	❑	❑	❑	❑	___
3. Überprüfen Sie regelmäßig, ob Mitarbeiter sich in die innere Kündigung zurückziehen?	❑	❑	❑	❑	❑	❑	___
4. Wenn Mitarbeiter Fehlverhalten zeigen: Fahnden Sie nach den Gründen?	❑	❑	❑	❑	❑	❑	___
5. Geben Sie Ihren Mitarbeitern regelmäßig Feedback?	❑	❑	❑	❑	❑	❑	___
6. Informieren Sie Ihre Mitarbeiter umfassend und zeitnah?	❑	❑	❑	❑	❑	❑	___
7. Schaffen Sie Gelegenheiten für Ihre Mitarbeiter, sich zu profilieren?	❑	❑	❑	❑	❑	❑	___
8. Prüfen Sie den eigenen Anteil, wenn bei Mitarbeitern die Leistungen nachlassen?	❑	❑	❑	❑	❑	❑	___
9. Überprüfen Sie bei Fehlverhalten, ob Sie genügend Anhaltspunkte für diese Wahrnehmung haben?	❑	❑	❑	❑	❑	❑	___
10. Geben Sie Feedback in Ich-Form?	❑	❑	❑	❑	❑	❑	___
11. Sorgen Sie für eine gute Kommunikation im Team?	❑	❑	❑	❑	❑	❑	___
12. Kennen Ihre Mitarbeiter die Anforderungen, die Sie an sie stellen?	❑	❑	❑	❑	❑	❑	___
13. Wenn Sie ein neues Team übernehmen: Überprüfen Sie die Leistungsmotivation bei den Mitarbeitern?	❑	❑	❑	❑	❑	❑	___
14. Sprechen Sie Fehlverhalten bei Mitarbeitern möglichst umgehend an?	❑	❑	❑	❑	❑	❑	___
15. Zeigen Sie im Feedbackgespräch Möglichkeiten für Veränderungen auf?	❑	❑	❑	❑	❑	❑	___
16. Geben Sie gegenüber Mitarbeitern eigene Fehler zu?	❑	❑	❑	❑	❑	❑	___
17. Unterscheiden Sie zwischen Lob und Anerkennung?	❑	❑	❑	❑	❑	❑	___
18. Sprechen Sie Mitarbeiter an, wenn sie „Dienst nach Vorschrift" machen?	❑	❑	❑	❑	❑	❑	___
19. Ziehen Sie Konsequenzen, wenn Fehlverhalten wiederholt auftritt?	❑	❑	❑	❑	❑	❑	___
20. Kommen Sie mit Widerständen im Feedbackgespräch gut zurecht?	❑	❑	❑	❑	❑	❑	___

Wenn Sie bei jeder Frage die Rubrik „immer" angekreuzt haben, dürfen wir Ihnen zu Ihrer Mitarbeitermotivation gratulieren und Sie können dieses Arbeitsheft eigentlich wieder aus der Hand legen.

Dies wäre schön, ist aber unwahrscheinlich. Dazu werden bei der Motivation von Mitarbeitern zu viele Fehler gemacht.

Nutzen Sie deshalb dieses Arbeitsheft, um es besser zu machen. Werten Sie Ihre Antworten im Detail aus und analysieren Sie, welche Probleme in Ihrem Führungsalltag häufig vorkommen. Dies sollten auch die Punkte sein, die Sie als Erstes ändern.

Übertragen Sie dazu bitte die Punkte aus der Einschätzungshilfe in folgende Tabelle und addieren Sie die Spalten:

Schritt 1		Schritt 2		Schritt 3		Schritt 4		Schritt 5	
1:		2:		3:		4:		5:	
6:		7:		8:		9:		10:	
11:		12:		13:		14:		15:	
16:		17:		18:		19:		20:	
Σ:		Σ:		Σ:		Σ		Σ:	

Summe gesamt:	

Wie viele Punkte haben Sie insgesamt erreicht?

0	bis	30	Punkte	Sie können Ihren Umgang mit Mitarbeitern wesentlich motivierender gestalten. Fangen Sie möglichst sofort an und arbeiten Sie intensiv das ganze Arbeitsheft durch.
31	bis	60	Punkte	Sie werden im Text viele Möglichkeiten finden, Ihre Kompetenz in Sachen Motivation zu optimieren. Nutzen Sie sie.
61	bis	90	Punkte	Sie befinden sich im Durchschnitt. Wenn Sie zu denen gehören möchten, die ihre Mitarbeiter besonders gut motivieren, konzentrieren Sie sich auf die Schritte mit der geringsten Punktzahl.
91	bis	120	Punkte	Ein Lob für Ihre Motivationskünste. Ob Sie im Detail noch etwas verbessern können? Lesen Sie nach und sehen Sie sich die Checklisten an.

Dieses Arbeitsheft umfasst insgesamt fünf Einzelthemen (Schritte). In der Einschätzungshilfe wurden vier Fragen zu jedem Einzelthema gestellt. Deshalb können Sie auch überprüfen, welche Einzelthemen für Sie besonders wichtig sind. Kreuzen Sie dazu die Schritte an, bei denen Sie die wenigsten Punkte hatten:

(bitte ankreuzen)

Schritt 1	Schritt 2	Schritt 3	Schritt 4	Schritt 5
Mitarbeiter motivieren	Feedback geben	Mit innerer Kündigung umgehen	Mit Fehlverhalten umgehen	Feedbackgespräche führen

Sie können nun in zweierlei Weise vorgehen:

1. Sie konzentrieren sich auf die Punkte, bei denen der größte Verbesserungsbedarf besteht. Legen Sie dabei besonderen Wert auf die Umsetzung des Gelernten.
2. Sie lesen den Lehrgang Schritt für Schritt durch. Auch hierbei können Sie besonders auf die Punkte achten, die es wert sind, schnell geändert zu werden.

Schritt 1: Mitarbeiter motivieren

Feedbackgespräche führen
▲
Mit Fehlverhalten umgehen
▲
Mit innerer Kündigung umgehen
▲
Feedback geben
▲
Mitarbeiter motivieren

Dass **Motivation** eine zentrale Bedingung für das Engagement Ihrer Mitarbeiter ist, ist unbestritten. Aber einzelne Mitarbeiter richtig zu motivieren, ist nicht immer einfach. Ganz einfach deshalb, weil Mitarbeiter unterschiedlich angesprochen sein wollen.

Nur wenn Sie dies berücksichtigen, werden Sie bei Ihren Mitarbeitern auch langfristig das Interesse an der Arbeit und der Zusammenarbeit aufrechterhalten können.

Wie gut können Sie Ihre Mitarbeiter motivieren? Prüfen Sie es nach.

	selten/ nie	manch- mal	teil- weise	meistens/ immer
	0	1	2	3
Gehen Sie auf die Bedürfnisse Ihrer Mitarbeiter ein?	❑	❑	❑	❑
Verzichten Sie auf Druckmittel, um Leistungen zu erzielen?	❑	❑	❑	❑
Delegieren Sie auch Aufgaben mit Verantwortung?	❑	❑	❑	❑
Räumen Sie Ihren Mitarbeitern Freiräume ein, die sie eigenverantwortlich gestalten können?	❑	❑	❑	❑
Verteilen Sie Lob und Anerkennung gerecht?	❑	❑	❑	❑
Stehen Sie zu Ihren Aussagen?	❑	❑	❑	❑
Fordern Sie Ihre Mitarbeiter mit anspruchsvollen, aber realistischen Zielen heraus?	❑	❑	❑	❑
Berücksichtigen Sie beim Einsatz der Mitarbeiter deren Wünsche?	❑	❑	❑	❑

Zählen Sie Ihre Punkte in der Spalte Summe zusammen und vergleichen Sie Ihr Ergebnis.

Bis 15 Punkte	Sie können Ihre „Motivationskünste" noch deutlich verbessern. Beschäftigen Sie sich intensiv mit diesem Thema und versuchen Sie, die Techniken im Umgang mit Ihrem Team umzusetzen.
15 - 30 Punkte	Sie wissen, dass Motivation mehr ausmacht als nur ein paar lobende Worte auf der Weihnachtsfeier. Finden Sie noch weitere wichtige Anregungen finden.
Über 30 Punkte	Sie wissen, wie Sie Ihre Mitarbeiter motivieren können. Vielleicht gibt es aber noch die eine oder andere Kleinigkeit, die Sie verbessern können. Lesen Sie nach.

Bedürfnisse ansprechen

Für die Motivation gibt es einige Prinzipien, die für alle Mitarbeiter gelten:

- **Setzen Sie vor allem auf die intrinsische Motivation**

  Bei der Motivation von innen handelt der Mensch aus eigenem Antrieb – zum Beispiel aus Freude, Interesse, Neugier oder dem Wunsch, eine Aufgabe besser lösen zu können. Im Mittelpunkt steht hier die Arbeit „an sich".

- **Gehen Sie mit Formen der extrinsischen Motivation vorsichtig um**

  Zur Motivation von außen gehören zum Beispiel Druck, die Androhung unangenehmer Konsequenzen, aber auch die Aussicht auf mehr Gehalt oder mehr Freizeit. Die Motivation von außen wird von vielen Menschen schnell als Manipulation empfunden. Sie verpufft zudem häufig bereits nach kurzer Zeit oder kann sogar völlig misslingen.

  Die Motivation von außen kann allerdings auch sehr erfolgreich sein – wenn Sie die Bedürfnisse des Mitarbeiters exakt treffen. Ein Mitarbeiter, für den Freizeit eine sehr große Rolle spielt, lässt sich durch die Aussicht auf ein oder zwei freie Tage sehr gut motivieren. Vermeiden Sie aber in jedem Fall alles, was als Druck oder Drohung empfunden werden könnte.

- **Achten Sie auf die Bedürfnisse Ihrer Mitarbeiter**

  Jeder Mensch hat unterschiedliche Bedürfnisse. Der Wunsch nach Erfüllung dieser Bedürfnisse liefert die Motive, sich zu engagieren und motiviert an eine Aufgabe heranzugehen.

Warum kann es keine allgemeingültige Methode geben, jeden Mitarbeiter zu motivieren?

Um einen Mitarbeiter zu motivieren, müssen Sie also zuerst einmal seine Motive herausfinden und diese **Motive** dann gezielt ansprechen. Dabei gibt es sehr viele und sehr viele unterschiedliche Motive.

Die Forschung hat aber herausgefunden, dass im Wesentlichen vier Grundmotive – die **Motivatoren** – die Triebfeder für den persönlichen Einsatz sind.

Diese Motivatoren sind:

1. **Sicherheit und Bequemlichkeit**

   Dazu gehören der sichere Arbeitsplatz, das gewohnte Arbeitsumfeld und regelmäßige Gehaltszahlungen.

2. **Anerkennung**

   Mitarbeiter wollen von Kollegen und auch Vorgesetzen anerkannt werden.

3. **Prestige und Status**

   Dazu gehören der Wunsch, beruflich vorwärtszukommen, befördert zu werden und mehr Geld zu verdienen.

4. **Persönliches Vorwärtskommen und persönliche Entfaltung**

   Hier finden sich Motive wie neue Herausforderungen, Erweiterung des Horizonts und Verwirklichung eigener Ideen.

Die vier **Motivatoren** stehen nicht nebeneinander, sondern bauen in einer Pyramide aufeinander auf. Die Basis bilden die **Grundbedürfnisse**: Essen, Trinken, Sexualität.

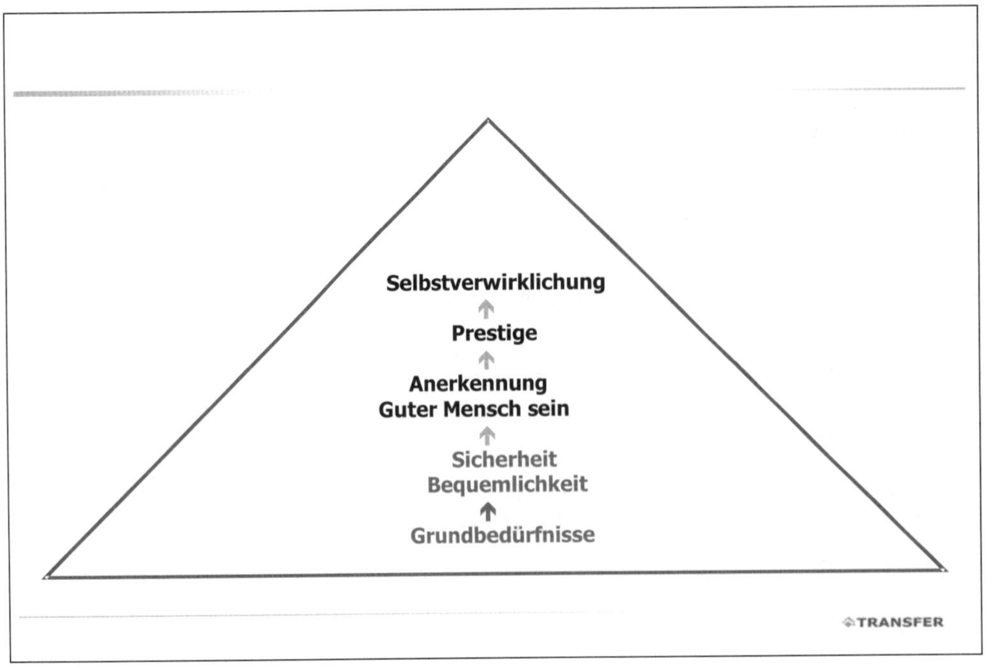

Das Streben nach Anerkennung spielt zum Beispiel nur eine untergeordnete Rolle, wenn der Arbeitsplatz – also die Sicherheit – gefährdet ist. Prestige und Status sind eher uninteressant, wenn die Anerkennung durch Kollegen oder den Vorgesetzten fehlt.

- **Bedürfnis nach Sicherheit**

  Unruhe, Unsicherheit ist für viele Menschen deshalb ein Problem, weil sie sich etwas anderes wünschen, nämlich in Ruhe arbeiten zu können. Wenn man nicht weiß, was wird, wenn der sichere Rahmen fehlt, ist man gezwungen, mit den Unsicherheitsfaktoren zu beschäftigen. Das Wohlergehen steht auf dem Spiel. Eine ähnliche Situation ergibt sich, wenn einzelne Mitarbeiter befristete Verträge haben und fürchten, nicht übernommen oder weiter beschäftigt zu werden.

  Deshalb ziehen viele Umstrukturierungsmaßnahmen die Demotivation der Mitarbeiter nach sich.

  Schaffen Sie deshalb – soweit möglich – einen sicheren Rahmen für die gemeinsame Arbeit.

- **Anerkennung**

  Anerkennung ist der erste Motivator, der etwas mit Leistung zu tun hat.

Warum ist Anerkennung für alle Mitarbeiter ein wichtiger Motivationsfaktor?

____

____

____

Jeder Mensch hat das Bedürfnis, von anderen Anerkennung zu erhalten.

Er will Gleicher unter Gleichen sein. Er will als Person akzeptiert werden, seinen Platz im Team finden. Das Gleiche gilt für seinen Einsatz und seine Leistungen. Auch hier erwartet er eine Einschätzung und natürlich auch eine positive Resonanz.

Deshalb sparen Sie nicht mit Lob und Anerkennung. Sorgen Sie auch für ein gutes **Zusammengehörigkeitsgefühl** im Team, betonen Sie die gemeinsame Leistung, feiern Sie Erfolge.

- **Bedürfnis nach Prestige und Status**

  Viele Menschen sind ehrgeizig, wollen besser sein als andere, andere überflügeln und Karriere machen. Neben Geld spielen hier die **Statussymbole** als Zeichen des Erfolgs eine wichtige Rolle: das größeren Befugnisse, die größere Entscheidungskompetenzen, das größere Zimmer, „wichtigere" Gesprächspartner, die Einladung zu bestimmten Treffen.

Natürlich können Sie nicht dafür sorgen, dass Ihre Mitarbeiter regelmäßig alle befördert werden.

Aber Sie können für Privilegien und besondere Auszeichnungen sorgen, etwa indem Sie

- einem Mitarbeiter die Verantwortung für eine wichtige Sonderaufgabe übertragen
- einem Mitarbeiter zum Projektleiter benennen
- einem Mitarbeiter einen Auslandsaufenthalt ermöglichen
- einen Mitarbeiter einen wichtigen Kunden lassen.

Das Hauptproblem bei solchen Motivationsmaßnahmen besteht allerdings darin, dass man, wenn man einen Mitarbeiter hervorhebt, bei anderen Mitarbeiter eben gerade dies nicht tut. Das kann bei dem „Rest" wieder zu Demotivation führen.

Deshalb sollten Sie mit Privilegien und Auszeichnungen vorsichtig umgehen. Jeder Mitarbeiter sollte die Möglichkeit haben, hier berücksichtigt zu werden.

- **Persönliche Entfaltung**

  Menschen machen am liebsten das, was ihren persönlichen Vorlieben und Interessen entspricht. Der eine arbeitet am liebsten still vor sich hin und liebt die Arbeit am Detail, der andere steht gerne im Mittelpunkt und entwickelt lieber Ideen, als sie umzusetzen.

  Versuchen Sie die Vorlieben Ihrer Mitarbeiter zu erkennen, fragen Sie nach, beobachten Sie.

  Versuchen Sie dann Aufgaben zu finden, die diesen Vorlieben entsprechen, soweit dies möglich ist. Hier bietet die Teamarbeit eine gute Chance, weil unterschiedliche Mitarbeiter mit unterschiedlichen Vorlieben gemeinsam an gemeinsamen Zielen arbeiten können.

Motivation durch ein gutes Umfeld schaffen

Wie stark sich ein Mitarbeiter engagiert, hängt auch von der Zufriedenheit mit dem Umfeld – den „**Hygienefaktoren**" – ab.

1. **Setzen Sie Ihre Mitarbeiter richtig ein**

   Die Tätigkeit sollte zu den Neigungen und Fähigkeiten des einzelnen Mitarbeiters passen. Vermeiden Sie ständige Unter- und Überforderung.

2. **Delegieren Sie auch anspruchsvolle Aufgaben**

   Vermitteln Sie Ihren Mitarbeitern nicht das Gefühl, sie seien nur Ihre „Zulieferer". Geben Sie auch anspruchsvolle und herausfordernde Aufgaben weiter. Denken Sie daran, dass Sie dem Mitarbeiter auch die entsprechenden Befugnisse und Kompetenzen einräumen.

3. **Schaffen Sie Ihren Mitarbeiter Freiräume**

   Nehmen Sie Ihre Mitarbeiter nicht ans „Gängelband". Geben Sie ihnen Gestaltungs- und Handlungsfreiräume, in denen die Mitarbeiter frei entscheiden können. Halten Sie sich dann aber auch zurück, und greifen Sie nicht ständig in die Freiräume ein.

Warum ist es aus motivationalen Gründen wichtig, Mitarbeitern Freiräume zu geben und sie möglichst an Entscheidungen zu beteiligen?

____

____

____

4. **Beteiligen Sie Ihre Mitarbeiter**

   Treffen Sie keinen einsamen Entscheidungen. Beteiligen Sie Mitarbeiter an wichtigen Entscheidungen, oder fragen Sie sie zumindest um Ihre Meinung. Zeigen Sie ihren Mitarbeitern, dass Sie sie als Experten schätzen.

5. **Informieren Sie Ihre Mitarbeiter umfassend und schnell**

   Halten Sie kein Wissen zurück, um sich einen Vorsprung zu verschaffen. Geben Sie auch Informationen weiter, die nicht direkt mit dem Arbeitsgebiet zu tun haben. So schaffen Sie bei Ihren Mitarbeitern das Gefühl „Ich bin wichtig".

6. **Sorgen Sie für eine angemessene Kommunikation**

   Nichts ist demotivierender als eine persönliche Verletzung oder unsachliche Kritik. Achten Sie darauf, dass Sie den „richtigen Ton" treffen. Sorgen Sie auch dafür, dass der Umgang der Mitarbeiter untereinander angemessen ist.

7. **Sorgen Sie für ein gutes Arbeitsklima**

   Jeder Mitarbeiter möchte gerne ein gutes Arbeitsklima haben. Das kann viel zu einer guten Motivation beitragen

8. **Verteilen Sie Aufgaben gerecht**

   Jeder Mitarbeiter braucht einen eindeutig festgelegten Arbeitsbereich und seinen Fähigkeiten und Neigungen entsprechende Aufgaben, um Unterforderung und Überforderung zu vermeiden.

9. **Motivieren Sie über Ihr Verhalten**

   Sie als Vorgesetzter sind ein wichtiger Motivationsfaktor.

Begründen Sie bitte diese Aussage.

Wie Sie auf die Mitarbeiter zugehen, wie Sie mit Ihnen umgehen, kann Motivation aufbauen oder zur Demotivation führen. Achten Sie deshalb auf folgende Punkte:

1. **Zeigen Sie Interesse**

   Nehmen Sie Ihre Mitarbeiter nicht nur als „Arbeitskraft" wahr, sondern auch als Mensch. Nutzen Sie Gelegenheiten wie eine Reise zu einem Termin oder die Fahrt im Aufzug für „Small Talk". Erkundigen Sie sich nach der Familie des Mitarbeiters oder nach seinen Hobbys.

2. **Äußern Sie Lob und Anerkennung**

   Untersuchungen haben gezeigt, dass mit positiver Verstärkung Verhalten sehr viel schneller und auch nachhaltiger geändert werden kann als mit Tadel und Kritik. Konzentrieren Sie sich daher nicht auf „Fehler" Ihrer Mitarbeiter und äußern Sie nicht bei jeder Gelegenheit Kritik. Achten Sie auf die positiven Momente, und verstärken Sie sie mit anerkennenden Worten.

3. **Teilen Sie Erfolg**

   Ein echter „Motivationskiller" ist es, wenn ein Vorgesetzter seine Mitarbeiter viel und gerne kritisiert, für sich selbst aber Lob und Anerkennung für das gesamte Team in Anspruch nimmt. Achten Sie daher darauf, dass Sie sich selbst nicht in den Vordergrund stellen, wenn Ihr Team überdurchschnittliche Leistungen erbracht hat.

4. Gehen Sie offen mit Fehlern um

Schaffen Sie eine Atmosphäre, in der Fehler nicht vertuscht, sondern zügig offengelegt und abgestellt werden.

Gehen Sie als Vorbild voran. Auch Sie machen Fehler. Reden Sie offen über das, was Sie falsch gemacht haben, und zeigen Sie Ihren Mitarbeitern, dass man aus Fehlern nur lernen kann, wenn man darüber spricht. Denken Sie an das Bonmot: Ich habe im Leben viele Fehler gemacht, aber immer nur einmal.

Fordern Sie Ihre Mitarbeiter auf, Ihnen offen und ehrlich die Meinung zu sagen. Lassen Sie Kritik nicht nur zu, sondern fördern Sie diese.

Lachen Sie auch mal über sich selbst, wenn Sie merken, dass Sie sich verrannt haben. Probieren Sie es mal aus, das fördert die Motivation und die gute Zusammenarbeiten im Team.

5. Seien Sie konsequent

Wichtig für die Motivation ist, dass Ihre Mitarbeiter wissen, wo sie dran sind, Sie als geradlinige und berechenbare Führungskraft kennen.

Warum wirkt sich konsequentes Verhalten auf die Motivation der Mitarbeiter positiv aus?

____

____

____

Ihre Mitarbeiter müssen die **Ziele Ihres Arbeitsbereiches** kennen. Sie sollten sie nicht des öfteren und ohne Erläuterung für die Mitarbeiter wieder umwerfen. Zusagen, die Sie den Mitarbeitern gemacht haben, sollten Sie halten. Vermeiden Sie es darum, Dinge zu verkünden, die Sie aus eigener Befugnis nicht entscheiden können.

Das Gleiche gilt für Ankündigungen. Wenn Sie anmelden, regelmäßige Mitarbeiterbesprechungen zu halten, sollten Sie sich selbst beim Wort nehmen. Und wenn Sie einem Mitarbeiter ankündigen, dass er beim nächsten Fehlverhalten eine Abmahnung erhält, sollten Sie dies auch praktizieren, sonst verlieren Ihre Worte schnell an Wirkung.

Mitarbeiter motivieren

	✓
Berücksichtigen Sie die vier Motivatoren Sicherheit, Anerkennung, Prestige und Status sowie persönliches Vorwärtskommen und persönliche Entfaltung.	❑
Achten Sie darauf, dass die „Hygienefaktoren" stimmen.	❑
Vermeiden Sie Druck und Zwang.	❑
Erzeugen Sie eine Motivation von innen.	❑
Schaffen Sie ein positives Umfeld.	❑
Loben Sie Ihre Mitarbeiter und zeigen Sie Anerkennung. Achten Sie dabei sorgfältig darauf, dass Sie den „richtigen Ton" treffen.	❑
Motivieren Sie lustlose Mitarbeiter durch anspruchsvolle Aufgaben.	❑
Erhalten Sie die Motivation Ihrer Mitarbeiter durch neue Herausforderungen.	❑

Demotivation entgegenwirken

Bsp

Das Einwohneramt einer Stadt im Ruhrgebiet nimmt an einem Vergleichsring teil. Dabei hat sich herausgestellt, dass alle anderen beteiligten Einwohnerämter bei der Bearbeitung von Anträgen sehr viel schneller sind. Das gefällt der Amtsleiterin Frau Siebenstein natürlich überhaupt nicht. Sie ruft die Mitarbeiter zusammen: „Wenn es Ihnen nicht gelingt, innerhalb den nächsten Woche die Durchlaufzeit der Anträge um 30 Prozent zu verkürzen, werde ich sehr unangenehme Konsequenzen einleiten müssen. Also – sehen Sie zu ..."

Frau Siebenstein war fest überzeugt, ihre Mitarbeiter zu Höchstleistungen angespornt zu haben. Sie erlebte allerdings eine böse Überraschung: 6 ihrer 15 Mitarbeiter meldeten sich im Laufe der folgenden Woche krank, der Rest konnte die Vorgaben natürlich nicht erfüllen.

Natürlich wird es auch immer Mitarbeiter geben, die trotz aller Bemühungen kein großes Interesse an ihrer Arbeit haben, sondern denen es in erster Linie darum geht, mit möglichst wenig Aufwand Geld zu verdienen. Der Fachbegriff heißt **extrinsische Motivation**.

Viele dieser Mitarbeiter arbeiten weder zielorientiert noch aufgabenorientiert, sondern zeitorientiert. Sie sitzen ihre Arbeitszeit ab. Sie zeigen wenig Engagement und versuchen, sich Arbeit möglichst vom Hals zu halten.

Extrinsisch motivierte Mitarbeiter stellen Vorgesetzte vor besondere Probleme. Denn in diesem Fall muss das Ziel lauten, bei diesen Mitarbeitern eine intrinsische Motivation aufzubauen, eine Motivation, die in der Arbeit selbst begründet liegt. Dies ist am besten durch eine Motivation über Aufgaben zu erreichen.

Lassen Sie es nicht so weit kommen.

Durch welche Maßnahmen können Sie sicherstellen, dass die Motivation Ihrer Mitarbeiter erhalten bleibt?

____

____

____

Was Sie tun können:

Achten Sie auf Signale der Demotivation

Motivation geht oft „schleichend" verloren – Erfolgserlebnisse bleiben aus, der tägliche Trott führt zu Routine, im schlimmsten Fall sogar zu Langeweile und Desinteresse. Beobachten Sie Ihre Mitarbeiter daher, und achten Sie auf folgende Signale:

- Es kommen keine Idee oder Vorschläge mehr.
- Mitarbeiter versuchen sich vor anspruchsvollen Aufgaben mit eigener Verantwortung zu drücken.
- Es werden nur noch die Leistungen erbracht, die zwingend erforderlich sind.
- Vorgaben von Vorgesetzten werden kritiklos und ohne Regung angenommen.
- Mitarbeiter fragen ständig nach, ob sie Arbeitsanweisungen korrekt umsetzen.
- Hierarchien werden sehr stark betont („Das soll mal der Chef selbst entscheiden.").
- Gespräche werden abgebrochen, wenn Sie dazu kommen.
- Fehler werden gleichgültig hingenommen.
- Der Dienstweg wird sehr streng eingehalten – zum Beispiel durch Memos oder E-Mails mit ellenlangem Verteiler.

Ein Signal für sich allein muss noch nicht zwangsläufig auf einen demotivierten Mitarbeiter hinweisen. Vielleicht hat der entsprechende Mitarbeiter auch einfach nur einen schlechten Tag. Wenn sich die Signale aber häufen, sollten Sie umgehend aktiv werden und wieder neuen Schwung in Ihr Team bringen.

Nehmen Sie sich auch schwer zu motivierenden Mitarbeitern an

Sie werden immer auf Mitarbeiter treffen, die trotz aller Bemühungen schlicht und einfach „keine Lust" haben. Das wesentliche Ziel solcher Mitarbeiter: Möglichst viel Geld für möglichst wenig Arbeit. Einsatz zeigen diese Mitarbeiter oft nur, wenn es darum geht, sich Arbeit vom Hals zu halten.

☞ Versuchen Sie bei lustlosen Mitarbeitern wieder die Lust an der Arbeit zu wecken – auch wenn es nicht ganz einfach ist. Schaffen Sie eine Motivation von innen.

Fordern Sie „lustlose" Mitarbeiter über Aufgaben:

1. Betonen Sie, wie wichtig die Aufgabe ist.
2. Stellen Sie die Aufgabe als Herausforderung dar.
3. Überlassen Sie dem Mitarbeiter mehr Verantwortung bei der Erledigung der Aufgabe.
4. Schaffen Sie dem Mitarbeiter Möglichkeiten, sich mit der Aufgabe zu identifizieren.
5. Geben Sie dem Mitarbeiter auch einmal neue ungewohnte Aufgaben.

Sollten diese Maßnahmen nicht fruchten, suchen Sie bitte das Gespräch mit dem Mitarbeiter.

Achten Sie auf die Stärken und Schwächen Ihrer Mitarbeiter

Weisen Sie Ihren Mitarbeitern aber nicht einfach zusätzliche Aufgaben und Verantwortung zu, sondern analysieren Sie vorher ganz genau, wo die individuellen Stärken beziehungsweise die individuellen Schwächen sind. Dabei helfen Ihnen folgende Fragen:

- Welche Aufgaben erledigt der Mitarbeiter fristgerecht und gründlich?
- Welche Aufgaben scheinen ihm Spaß zu machen?
- Bei welchen Aufgaben hat ein Mitarbeiter Problem?
- Wo liegen die Ursachen für diese Probleme?

Berücksichtigen Sie die Wünsche und Vorstellungen Ihrer Mitarbeiter

Überlegen Sie dann gemeinsam mit dem Mitarbeiter, welche Aufgaben und Herausforderungen für zusätzliche Motivation sorgen können. Berücksichtigen Sie dabei auch die Wünsche und Vorstellungen des Mitarbeiters. Machen Sie aber keine Versprechungen, die Sie nicht halten können. Damit machen Sie unter Umständen eine aufkeimende Motivation gründlich zunichte.

☞ Denken Sie daran: Ein Patentrezept zur Motivation kann es nicht geben. Sie müssen die besonderen Bedürfnisse jedes einzelnen Mitarbeiter herausfinden und diese Bedürfnisse gezielt ansprechen.

Entwickeln Sie Visionen und schaffen Sie Ziele

Das Geheimnis der Motivation hat vielleicht der französische Schriftsteller Antoine de Saint-Exupery am besten getroffen:

„Wenn Du ein Schiff bauen willst, so trommle nicht Männer zusammen, um Holz zu beschaffen, Werkzeuge vorzubereiten, Aufgaben zu vergeben und die Arbeit einzuteilen, sondern lehre die Männer die Sehnsucht nach dem weiten endlosen Meer."

Zusammenfassung

Ein gute Motivation ist die Grundlage für engagierte Mitarbeiter und gute Arbeitsergebnisse.

Berücksichtigen Sie beim Motivieren die unterschiedlichen Motivatoren.

Achten Sie darauf, dass über die Hygienefaktoren eine gute Basis für die Motivation geschaffen ist.

Versuchen Sie extrinsische Motivation bei Mitarbeitern in intrinsische Motivation zu verwandeln.

Loben Sie situationsbezogen und achten Sie auf das richtige Anspruchsniveau.

Fördern Sie Mitarbeiter individuell gemäß ihrer Motivation und ihren Leistungen.

Achten Sie auf Anzeichen für Demotivation.

Was wollen Sie von den Hinweisen in diesem Kapitel umsetzen? Schreiben Sie sich bitte alle wichtigen Punkte auf. Nutzen Sie dazu die Umsetzungshilfe am Ende dieses Selbstlernkurses.

Schritt 2: Feedback geben

Alle Menschen benötigen Anerkennung und kaum jemand ist bereit, sie anderen zu geben. Dabei ist es so einfach: Einige nette Worte reichen aus, um Menschen zu erfreuen, sie für sich einzunehmen und für eine gute Stimmung zu sorgen.

Wichtig ist, dass Ihre Mitarbeiter wissen, was Sie von Ihnen erwarten. Definieren Sie deshalb die **Anforderungen.** Sagen Sie Ihren Mitarbeitern, welche Leistung Sie fordern.

Dann können sich die Mitarbeiter besser orientieren und wissen auch, was sie tun müssen, um Anerkennung von Ihnen zu erhalten.

Gezielte Rückmeldung hilft Ihren Mitarbeitern, zu erkennen, was sie gut machen, wo sich **Verbesserungsmöglichkeiten** verstecken, woran sie noch arbeiten müssen. Rückmeldung hat damit zwei Seiten: **Lob und Anerkennung** auf der einen, **Kritik** auf der anderen Seite. Der Oberbegriff für beide Formen der Rückmeldung heißt **Feedback**.

Gezieltes Feedback zeigt dem Mitarbeiter:

- Mein Vorgesetzter nimmt mich und meine Leistungen wahr.
- Ich bin meinem Vorgesetzten wichtig.
- Daraus ergibt sich häufig
- eine bessere Motivation
- mehr Selbstvertrauen und mehr Engagement.

Leistungen anerkennen

Anerkennung ist ein vielfach vernachlässigtes Motivationsinstrument. Leider wird im Berufsleben viel mehr kritisiert als gelobt. Zu Unrecht, denn mit einem positiven Feedback geben Sie Ihren Mitarbeitern nicht nur Orientierung über ihre Leistung, es gibt auch Impulse für ihre Entwicklung. Dies kann erhebliche Leistungssteigerungen bewirken. Ein weiterer Vorteil: Ihre Mitarbeiter erfahren, worauf Sie Wert legen, und können sich daran orientieren. Richtig dosierte Anerkennung ist also höchst effektiv.

Welchen Stellenwert hat für Sie Anerkennung und Lob in Ihrer Führungspraxis?

Wie gut können Sie Ihre Mitarbeiter motivieren? Prüfen Sie es nach.

	ja	nein
Ich konzentriere mich in meiner Führung auf die Stärken meiner Mitarbeiter.	☐	☐
Ich analysiere, entwickle und nutze konsequent die Stärken meiner Mitarbeiter.	☐	☐
Ich mache einen Unterschied zwischen Lob und Anerkennung.	☐	☐
Ich achte im Behördenalltag auf Anerkennenswertes.	☐	☐
Ich anerkenne gute Leistungen ausdrücklich und sofort.	☐	☐
Ich anerkenne objektiv messbare und nachvollziehbare	☐	☐

Leistungen.		
Ich spreche Anerkennung auch vor anderen aus.	❑	❑
Ich achte darauf, dass ich „sympathische Mitarbeiter" in meiner Anerkennung nicht bevorzuge.	❑	❑
Ich spreche Lob nur bei außergewöhnlichen, überragenden Leistungen, also eher selten aus.	❑	❑
Ich freue mich mit meinen Mitarbeitern über deren Erfolge und bringe es ehrlich zum Ausdruck.	❑	❑

Auswertung:

Wenn Sie über fünfmal „Ja" angekreuzt haben, sind Sie auf gutem Wege, die Stärken Ihrer Mitarbeiter zu entwickeln. Bei acht „Ja" führen Sie Ihre Mitarbeiter fast optimal. Bei zehnmal „Ja" ist es eine Freude, mit Ihnen zusammenzuarbeiten. Herzlichen Glückwunsch!

Anerkennung und Lob sind zwei unterschiedliche Dinge. **Anerkennung** sollten Sie regelmäßig nutzen, um Ihren Mitarbeitern ein Feedback zu geben und sie zu motivieren. Anerkennung ist das positive Bestätigen einer guten Leistung.

Bsp Ihr Vortrag auf unserem letzten Meeting hat mir sehr gut gefallen.

Lob ist besonderen Anlässen und besonderen Leistungen vorbehalten. Lob ist auf die Person ausgerichtet.

Bsp Ohne Sie wüsste ich gar nicht, wie ich die schwierigen Fälle lösen sollte.

Lob sollten Sie nicht inflationär nutzen. Die Regel lautet: Setzen Sie Lob nur sparsam und gezielt ein, zum Beispiel, wenn ein Mitarbeiter

- dauerhaft mehr Leistung bringt als der Durchschnitt der Kollegen
- mehrere, sehr praxisnahe Verbesserungsvorschläge in einem Jahr unterbreitet
- in einer Krisensituation Ihren Bereich vor Schaden bewahrt hat.

Die wichtigste Regel für Anerkennung lautet: Nehmen Sie besondere Leistungen nie als selbstverständlich hin.

Achten Sie auf Anerkennenswertes im täglichen Arbeitsalltag. Man ist gewohnt, vieles als selbstverständlich anzusehen, vielleicht auch die Leistung eines Mitarbeiters, der nicht weiter auffällt, aber für seine Verhältnisse eine kontinuierliche und gute Leistung erbringt.

Wenn Sie Positives bemerken, sprechen Sie es an.

- **Stellen Sie heraus, was genau gut gelaufen ist**

  Beschreiben Sie, mit welcher Leistung, welchem eingehaltenen Ziel, welcher Verhaltensweise Sie besonders zufrieden sind. Damit geben Sie Ihren Mitarbeitern Orientierung. Vermeiden Sie allgemeine oder nicht eindeutige Formulierungen wie *„weiter so"*, *„Das machen Sie ganz gut"*, oder *„Wir kommen der Sache näher"*.

- **Seien Sie präzise in Ihren Aussagen**

  Formulieren Sie genau, was gut gelaufen ist. Erwähnen Sie ruhig auch Einzelheiten. Das verstärkt den positiven Eindruck.

Bsp Besonders positiv aufgefallen sind mir folgende Punkte:

Ihr Vortrag war sehr lebendig und interessant. Alle Zuhörer haben bis zur letzten Minute aufmerksam zugehört ...

Manchmal muss es mehr sein. Bei besonderen Leistungen sollten Sie auch für einen besonderen Rahmen sorgen. Je offizieller der Rahmen, desto mehr Wert bekommt Ihr Feedback:

1. Bitten Sie den Mitarbeiter zu sich.
2. Nehmen Sie sich Zeit für das Gespräch, auch das drückt Ihre Wertschätzung aus.
3. Gehen Sie im Detail auf die zu würdigende Leistung ein.
4. Drücken Sie dann Ihren Dank und Ihre Anerkennung aus.
5. Beenden Sie das Gespräch mit der Zuversicht, dass die anerkannte Leistung oder das Verhalten sich auch in Zukunft wiederholt.

Geben Sie Ihre Anerkennung nicht zwischen Tür und Angel.

Auch eine Kantine, ein Fahrstuhl oder ein Flur ist nicht der richtige Ort: *„Ach, da ich Sie gerade sehe, das lief ja prima bei der letzten Präsentation."* Gehen Sie auf Ihre Mitarbeiter zu, sprechen Sie sie am Arbeitsplatz, während einer Teamsitzung oder bei Ihren regelmäßigen Arbeitsbesprechungen an.

Worauf Sie sonst noch achten sollten:

- **Schaffen Sie Gelegenheiten sich zu profilieren**

  Um Anerkennung geben zu können, bedarf es der Gelegenheit dazu. Solche Gelegenheiten können Sie gezielt schaffen. Einige Beispiele:

  - Fördern Sie die Ideen Ihrer Mitarbeiter
  - Geben Sie Ihren Mitarbeitern viel Autonomie und lassen Sie sie selbstständig arbeiten
  - Sorgen Sie dafür, dass Ihre Leistungsträger sich über Sonderaufgaben und Projekte profilieren können
  - Analysieren Sie besondere Stärken und Potenziale Ihrer Mitarbeiter und setzen Sie sie entsprechend ein.

- **Seien Sie gerecht**

  Ausgesprochen ungünstig für die Motivation ist es, wenn man die Mitarbeiter viel und gerne kritisiert, Lob und Anerkennung von anderen aber als Leiter für sich in Anspruch nimmt. Stellen Sie gemeinsame Leistungen auch als solche heraus.

- **Geben Sie jedem Mitarbeiter Anerkennung**

  Sprechen Sie Anerkennung für gute Leistungen aus, egal wer der Mitarbeiter ist, ob Sie den Mitarbeiter sympathisch finden oder nicht. Enthalten Sie Ihrem Mitarbeiter verdiente Anerkennung nicht vor.

- **Vermischen Sie Anerkennung nicht mit Kritik**

  Wenn Sie Anlass zur Kritik haben, sprechen Sie dies gesondert an. Sehr ungünstig ist es, wenn Sie Ihre Mitarbeiter erst loben, um sie anschließend zu kritisieren. Ersparen Sie Ihren Mitarbeitern solche Wechselbäder der Gefühle.

  Denken Sie auch daran, dass der letzte Eindruck besonders gut haften bleibt. Das wäre in diesem Fall aber die Kritik.

- **Instrumentalieren Sie nicht Ihre Anerkennung**

  Manche Vorgesetzte loben ihre Mitarbeiter erst überschwänglich, um sie dann mit einer Bitte, einer negativen Nachricht zu überfallen. Machen Sie Lob und Anerkennung nicht zu einem Instrument, um Ihre Interessen durchzusetzen oder ungeliebte Dinge loszuwerden.

Vermeiden Sie die Formel „ja, aber".

Um erst gar nicht den Eindruck aufkommen zu lassen, Sie würden nur loben, um damit die Kritik einzuläuten, sollten Sie das Wort „aber" als Überleitung meiden.

- **Übertreiben Sie es nicht**

  Anerkennung sollte gezielt auf besondere Leistungen hinweisen. Wenn Sie auch für Kleinigkeiten Anerkennung aussprechen, wenn das normale Tagesgeschäft erledigt wird, haben Sie keine Möglichkeit mehr, besondere Leistungen hervorzuheben – es sei denn, Sie „tragen sehr dick" auf. Dadurch werden das Lob und die Anerkennung aber wieder unglaubwürdig.

Fehler bei der Anerkennung

	☹
Für mich sind Anerkennung und Lob das Gleiche.	☐
Wenn ich nicht kritisiere, kann das als Anerkennung gewertet werden.	☐
Mitarbeiter anzuerkennen ist mir viel zu gefährlich. Das weckt doch nur Neidgefühle.	☐
Wenn ich meinen Mitarbeiter einmal im Jahr Anerkennung gebe, reicht das aus.	☐
Die Mitarbeiter bekommen doch ihr Gehalt, da brauchen sie nicht auch noch Streicheleinheiten.	☐
Mit einem gelegentlichen „*Leute, das macht ihr prima*" sind die Kollegen doch gut bedient.	☐
Ich gebe nur Anerkennung, wenn ich gut drauf bin.	☐
Mir fällt es schwer, jemanden, den ich sowieso nicht mag, auch noch mit Anerkennung zu verwöhnen.	☐
Wenn in meinem Bereich etwas gut läuft, ist das mein Verdienst, schließlich bin ich der Chef, der den Laden zusammenhält.	☐
Es ist viel wichtiger, die Mitarbeiter auf ihre Schwächen hinzuweisen, sonst werden sie übermütig.	☐

Anerkennung muss sich übrigens nicht immer in beredten Worten ausdrücken, auch ein anerkennendes Lächeln, ein Schulterklopfen, ein Dank, ein Händedruck können ebenfalls Wirkung zeigen.

Richtig loben

Da mit Lob meist von allen Seiten sehr gegeizt wird, ist dies ein sehr wirkungsvolles Mittel. Zumal Untersuchungen zeigen, dass man mit der positiven Verstärkung des gewünschten Verhaltens Verhaltensänderungen schneller erreicht als durch Kritik und Tadel.

Ärgern Sie sich also nicht über negative Verhaltensweisen Ihrer Mitarbeiter und äußern Sie dies nicht bei jeder Gelegenheit, sondern achten Sie mehr auf positive Momente im Verhalten und verstärken Sie diese mit einem Lob.

Loben können Sie andere bei unterschiedlichen Gelegenheiten,

- in jedem Fall **besondere Leistungen**

  Ein Kollege hat sich etwa bei der Umstellung auf eine neue Software sehr engagiert, z. B. an Wochenenden durchgearbeitet.

- von Zeit zu Zeit auch **Alltägliches**

  Der Mitarbeiter zeigt eine stetig gute Leistung. Sie zeigt sich besonders bei der Qualität der Berichte.

- natürlich auch **Leistungsverbesserungen**

  Ihr Mitarbeiter hat seine Fehlerzahl reduziert.

- aber auch **Verhalten**

  Ihr Chef setzt sich vorbildlich für seine Mitarbeiter ein.

Für richtiges Loben gibt es Regeln. Sehen Sie sich folgendes Fallbeispiel an.

Welche Fehler macht Herr Müller? Welche Regel lässt sich daraus ableiten?

1. Thomas Müller ist Referatsleiter. Er besucht ein Seminar zum Thema Führung. Dort hört er viel vom richtigen Umgang mit Mitarbeitern und wie wichtig dabei Lob und Anerkennung ist. Das leuchtet ihm ein und er beschließt, die neuen Erkenntnisse nach seiner Rückkehr gleich in die Tat umzusetzen. Herr Müller vermerkt also zunächst in seinem Terminkalender, wann er welchen Mitarbeiter loben will, damit er auch niemanden vergisst.

Fehler	Regel

2. Zunächst ist sein Stellvertreter Franz Tüchtig dran, der ihn in der Zwischenzeit vertreten hat: *„Franz, ich bin sehr zufrieden mit dir. In meiner Abwesenheit scheint ja alles geklappt zu haben."* Franz Tüchtig scheint gar nicht so begeistert zu sein: *„Ja, hast du denn geglaubt, es klappt nicht?"*

Fehler	Regel

3. Dann spricht Herr Müller am Rande einer Besprechung mit Paul Kerner, einem erfahrenen Mitarbeiter: „Paul, ich wollte dir schon immer sagen, dass ich mich freue, wie gut du deine Arbeit machst. Ich wünschte, auf die anderen Mitarbeiter könnte ich mich genauso verlassen." Paul scheint peinlich berührt zu sein. Die anderen Mitarbeiter, die das Gespräch mitgehört haben, blicken starr geradeaus.

Fehler	Regel

4. So schnell lässt sich Herr Müller nicht entmutigen. Zwei Tage später spricht er mit Elvira Schnippisch, einer recht hübschen und selbstbewussten Vorzimmerkraft: *„Toll sehen Sie heute wieder aus, Frau Schnippisch. Bei Ihrer Figur ist das aber auch kein Wunder."* Fräulein Schnippischs Antwort macht ihrem Namen alle Ehre.

Fehler	Regel

Hier die wichtigsten Regeln, noch einmal zusammengefasst.

1. Loben Sie gute Leistungen Ihrer Mitarbeiter

Dazu gehört, dass Sie gute Leistungen erst einmal wahrnehmen. Loben Sie vor allem überdurchschnittliche Leistungen. Dies sollte Sie nicht davon abhalten, ab und zu Mitarbeitern für ihre gleichbleibend guten Leistungen zu danken.

2. Achten Sie auf das Anspruchsniveau

Jeder Mensch hat unterschiedliche Ansprüche an sich selbst. Was für den einen eine tolle Leistung ist, ist für den anderen eine Selbstverständlichkeit. Dies sollten Sie bedenken, damit Sie mit Ihrem Lob tatsächlich dem Mitarbeiter eine Freude machen.

3. **Loben Sie zeitnah**

   Sprechen Sie nur Dinge an, teilen Sie nur Beobachtungen mit, die aktuell sind. Lob sollte immer einen aktuellen Bezug haben. Dabei können Sie aber eine bestimmte Situation als Anlass nehmen, um die Leistungen oder das Verhalten der letzten Zeit positiv herauszustellen.

   Bitte nicht erst eine Liste erstellen, was Ihnen beim Mitarbeiter im Laufe des Jahres positiv aufgefallen ist, und die Liste Weihnachten überreichen. Lob lebt davon, spontan und zum richtigen Zeitpunkt zu erfolgen. Nur dann wirkt es glaubhaft.

4. **Entwerten Sie durch Lob nicht die Arbeit anderer**

   Vergleichendes Lob ist immer problematisch, vor allem, wenn man die eigenen Mitarbeiter miteinander vergleicht. Dann hat man vielleicht einen einzigen, der sich freut, und viele andere, die sich ärgern.

   Beim Vergleich von Leistungen ist Vorsicht angebracht. Dies kann dann auch schon mal – unbeabsichtigt – Neid und Demotivation auslösen.

Bsp Herr Müller zum Beispiel hat in dem selben Zeitraum deutlich mehr ...

5. **Loben Sie die Richtigen**

   Lob gebührt dem, der die Leistung erbracht hat, nicht der Arbeitsgruppe, nicht den Vorgesetzen.

6. **Überlegen Sie immer, wer alles an der Leistungserbringung beteiligt war**

   Beziehen Sie alle in das Lob mit ein. Keiner sollte sich übergangen fühlen.

7. **Stellen Sie die gemeinsame Leistung heraus**

   Sehr positiv auf das Arbeitsklima wirkt sich aus, wenn Sie bei Gelegenheit auch ein Lob finden für die Zusammenarbeit in der Gruppe und für Ergebnisse, die von allen mitverantwortet wurden.

8. **Schaffen Sie Publizität**

   Stellen Sie die besondere Leistung oder das vorbildliche Verhalten in Rundschreiben, in Informationsdiensten, auf Besprechungen heraus.

   Beachten Sie aber auch, dass es Mitarbeiter gibt, die das „Vier-Augen-Gespräch" vorziehen. Denn Ihre Leistungsbewertung benötigt ein situationsbedingtes Verhalten: Es kommt immer auf die Persönlichkeit und auf die Art der Leistung an, die vor anderen oder im Zwiegespräch anzuerkennen ist.

9. **Lassen Sie Taten folgen**

   Überlegen Sie,

   - ob der gelobte Mitarbeiter nicht als Lern- oder Erfahrungspartner andere Kollegen zu höheren Leistungen führen kann
   - als Repräsentant Ihres Bereiches bei Tagen der offenen Tür, Messen und Kongressen auftreten könnte
   - ob Sie ihn als Experten zu wichtigen Gesprächen mitnehmen können
   - ob Sie ihm nicht mehr Befugnisse zuerkennen können.

Sicherlich gibt es bei Ihnen noch weitere Möglichkeiten, gute Leistungen zu belohnen.

Ausgesprochen ungünstig für die Motivation ist es, wenn man die Mitarbeiter viel und gerne kritisiert, Lob und Anerkennung von anderen aber als Leiter für sich in Anspruch nimmt.

10. Geben Sie Feedback nur direkt, nicht über Dritte

Lob, Anerkennung und Kritik geben Sie am besten selbst weiter. Dies durch Dritte zu tun, hat drei mögliche Nachteile:

- Das Feedback wird in andere Worte gekleidet und dadurch möglicherweise verfälscht.
- Das Feedback verliert an Ausdruckskraft und Authentizität, wenn es durch Dritte vermittelt wird.
- Der Mitarbeiter erwartet mit Recht das Feedback von Ihnen, seinem Vorgesetzten. Wird es durch andere weitergegeben, verliert es an Wert.

11. Bringen Sie Ihre Botschaft auf den Punkt

Pointieren Sie Ihre Aussage. So erreichen Sie eine bessere Wirkung. Reiten Sie nicht auf Einzelheiten herum. Erwähnen Sie die Leistung einmal, das reicht.

Bsp Ich kann es Ihnen nur wieder und wieder sagen ....

12. Schaffen Sie Bilder in den Köpfen

Berichten Sie von Ihren Beobachtungen, führen Sie Beispiele an, zeigen Sie Dinge und unterstützen Sie Ihre Darlegungen mit Daten und Fakten. Damit wird Ihr Lob klarer, anschaulicher und wirkungsvoller. Je konkreter Ihre Ausführungen, desto besser.

Sie wollen einen Mitarbeiter loben. Beginnen Sie mit der Schilderung Ihrer Eindrücke. Eine gute Wirkung erreichen Sie, wenn Sie dabei die **UVW-Formel** nutzen:

- U steht für Umstand
- V für Verhalten
- W für Wirkung.

Umstand Beschreiben Sie als Erstes den Umstand, den Anlass, der Sie zu dem Feedback veranlasst hat.

Frau Frese, gestern bei der Besprechung habe ich zum ersten Mal Ihren Kurzvortrag über das Konzept zur Qualitätssicherung gehört.

Verhalten Schildern Sie, was Ihnen gefallen oder missfallen hat. Beschreiben Sie so plastisch wie möglich.

Ich fand Ihren Vortrag wirklich gut. Die PowerPoint-Präsentation hat mir besonders gefallen. Sie müssen mir mal zeigen, wie Sie solch professionelle Folien machen.

Wirkung Beschreiben Sie anschaulich die Wirkung, die das Verhalten auf Sie und auf andere hat.

Auch die anderen Teilnehmer waren angetan. Das haben Sie ja sicher an der lebhaften Diskussion gemerkt.

Lob und Anerkennung

	✓
Ich unterscheide Anerkennung und Lob in meinem Führungsalltag.	❑
Ich konzentriere mich in meiner Führung auf die Stärken meiner Mitarbeiter.	❑
Ich achte im Arbeitsalltag auf Anerkennenswertes.	❑
Ich anerkenne gute Leistungen ausdrücklich und sofort.	❑
Ich setze klare Ziele und anerkenne objektiv messbare und nachvollziehbare Leistungen.	❑

Ich spreche Anerkennung auch vor anderen aus.	☐
Ich habe bei der Anerkennung keine „Günstlinge".	☐
Bei dauerhaften guten oder sehr guten Leistungen setze ich gezielt andere Formen der Anerkennung ein.	☐
Ich spreche Lob nur bei außergewöhnlichen, überragenden Leistungen, also selten aus.	☐
Ich freue mich mit meinen Mitarbeitern über deren Erfolge und bringe es ehrlich zum Ausdruck.	☐

Mitarbeiter kritisieren

Negative Dinge bei einem anderen anzusprechen, ist in unserem Arbeitsalltag, und nicht nur dort, immer spannungsgeladen. Für den Erfolg Ihrer Arbeit ist es wichtig, dass Sie Probleme schnell erkennen und mit den Mitarbeitern aktiv an der Fehlerbeseitigung arbeiten.

Vielen Vorgesetzten fällt Kritik schwer. Das hat auch etwas mit der eigenen Persönlichkeit zu tun.

Nehmen Sie sich jetzt etwas Zeit und füllen Sie den nachfolgenden Test aus. Je ehrlicher Sie dabei zu sich selbst sind, desto größer wird dabei Ihr Nutzen sein.

Prüfen Sie sich selbst: Welcher Kritiker-Typ sind Sie?

	ja 3	teil-weise 2	nein 1
Mir fällt es schwer, Kritik offen auszusprechen.	☐	☐	☐
Meine Mitarbeiter scheuen sich, mich auf Fehler aufmerksam zu machen.	☐	☐	☐
Vor einem Kritikgespräch habe ich immer feuchte Hände oder andere körperliche Anzeichen von Nervosität.	☐	☐	☐
Ich schiebe Kritikgespräche gern hinaus, manchmal erübrigen sie sich dann.	☐	☐	☐
In meinen Kritikgesprächen kommt es oft zu Streitigkeiten.	☐	☐	☐
Meine Mitarbeiter kennen meine aufbrausende Art.	☐	☐	☐
Das Verhalten meiner Mitarbeiter ändert sich nach den Kritikgesprächen kaum.	☐	☐	☐
Wenn in einer Gaststätte das Essen nicht gut ist, spreche ich das nicht offen an, weil das doch nur Ärger gibt.	☐	☐	☐
Ich brause sehr leicht auf, wenn etwas nicht so läuft, wie ich es will.	☐	☐	☐
Wenn ein Mitarbeiter im Gespräch laut wird, weiche ich lieber etwas ab von meiner Meinung, damit der Streit nicht eskaliert.	☐	☐	☐
Ich bin es gewohnt, mich durchzusetzen, koste es, was es wolle.	☐	☐	☐

So werten Sie den Test aus:

11 bis 18 Punkte: Gratulation! Ihnen fällt es nicht schwer, Kritik auszusprechen. Und in der Regel verändern Ihre Mitarbeiter auch ihr Verhalten.

18 bis 33 Punkte: Machen Sie bitte noch eine differenziertere Analyse.

Wenn Sie die Fragen 1, 3, 4, 8 und 10 eher mit „Ja" als mit „Nein" beantwortet haben (mehr als 10 Punkte), sollten Sie etwas an Ihrer **Konfliktbereitschaft** tun. Sie brauchen sich wahrscheinlich keine Gedanken darüber machen, dass Sie Ihre Mitarbeiter zu viel kritisieren oder sie durch falsche Worte verletzen, denn Sie sind ein sensibler und feinfühliger Mensch. Versuchen Sie nicht, Kritik zu vermeiden, gehen Sie auf Ihre Mitarbeiter zu und geben Sie ihnen Feedback..

Haben Sie die Fragen 2, 5, 6, 9 und 11 eher mit „Ja" beantwortet (mehr als 10 Punkte), müssen Sie an Ihrem **Dominanzverhalten** arbeiten. Sie sprechen kritische Dinge sofort und ohne Umschweife an. Das ist gut und wichtig. Denken Sie aber daran, dass es effizienter ist, wenn Sie nicht immer mit dem Kopf durch die Wand gehen, und vermeiden Sie es, die Mitarbeiter durch zu große Härte zu verletzen.

Niemand ist perfekt. Wir machen alle von Zeit zu Zeit Fehler. Deshalb ist Kritik ein wichtiges Führungsinstrument.

Sagen Sie sich: „*Wenn ich meine Mitmenschen darauf aufmerksam mache, was meiner Meinung nach nicht gut ist oder gut läuft, helfe ich ihnen, besser zu werden. Ich gebe ihnen eine Chance, die sie sonst nicht hätten.*"

Bitte sehen Sie sich den folgenden Monolog an. Welche Fehler werden hier bei der Art der Kritik gemacht?

Äußerung	**Fehler**
Gut, dass ich Sie hier treffe.	
Der Chef hat mir Ihren Entwurf zurückgegeben. Stilistisch erscheint ihm einiges nicht ganz glücklich.	
Das eigentliche Thema kommt etwas kurz. Ganz so stiefmütterlich hätten Sie das nicht behandeln sollen.	
Aber das scheint ja Ihre Art zu sein.	
Auch die letzten Entwürfe waren alles andere als gelungen.	
Sie scheinen ein verkannter Dichter zu sein.	
Außerdem ist mir zu Ohren gekommen, dass Sie sich im Kollegenkreis negativ über unser Projekt geäußert haben.	
Wenn so etwas noch einmal vorkommt, werde ich Konsequenzen ziehen.	
Und überarbeiten Sie den Text doch einfach noch mal.	

Für Kritik gelten erst einmal die selben Regeln wie für Feedback. Allerdings kommen neue Merkposten hinzu:

- **Kritisieren Sie immer selbst**

  Lassen Sie Kritik nicht über Mittelsmänner weitergeben. Jemanden zu kritisieren fällt vielen schwer und ebenso viele können mit Kritik schlecht umgehen. Deshalb ist es wichtig, dass Sie sich dieser Aufgabe stellen und ein Beispiel für direkte und konstruktive Kritik geben.

- **Kritik immer im geeigneten Rahmen**

  Üben Sie Kritik nicht zwischen Tür und Angel, schaffen Sie immer in einem geeigneten Rahmen, suchen Sie das persönliche Gespräch.

- **Keine Kritik ohne Begründung**

  Sagen Sie immer klar und deutlich, was Sie zu kritisieren haben, geben Sie eine Begründung und erläutern Sie Ihre Beobachtungen. Lediglich zu sagen

  Ich habe den Eindruck, Sie kommen mit der neuen Software nicht zurecht

  reicht nicht aus, erläutern Sie, wie Sie zu der Auffassung gekommen sind

  Ich habe beobachtet, dass ...

- **Machen Sie einen Verbesserungsvorschlag**

  Lassen Sie die Kritik nicht alleine stehen, helfen Sie Ihrem Mitarbeiter mit einem Vorschlag, was er Ihrer Meinung nach besser machen könnte. Als Alternative können Sie Änderungen auch zusammen mit dem Mitarbeiter erarbeiten.

- **Stellen Sie in den Mittelpunkt der Kritik die Leistung oder das Verhalten**

  Leistungen lassen sich verbessern, deshalb ist hier Kritik besonders fruchtbar. Bei Kritik am Verhalten sieht das schon etwas anders aus. Ihr Verhalten zu ändern fällt vielen Menschen schwer. Je eingeschleifter das Verhalten, desto schwieriger ist es zu ändern. In keinem Fall sollte sich Ihre Kritik auf die Person selbst beziehen.

- **Denken Sie an die psychische Situation des Kritisierten**

  Der Kritisierte fühlt sich oft gekränkt – vor allem dann, wenn er sich Mühe gegeben hat; oder erwischt und bloßgestellt, wenn er nachlässig und ohne großes Engagement gearbeitet hat.

  Die Folge ist meist eine **Verteidigungshaltung** des Kritisierten: Er wird sich mehr oder weniger heftig rechtfertigen, alles abstreiten oder sich ähnlich unproduktiv verhalten. Es werden keine wirklich nachhaltigen Veränderungen herbeigeführt.

- **Lassen Sie sich nicht zu stark von Ihren Emotionen leiten.**

  Natürlich ist es ärgerlich, wenn Sie einem Mitarbeiter schon mehrfach erläutert haben, warum etwas so und nicht anders gemacht werden soll. Oder wenn ein wichtiges Vorhaben durch Nachlässigkeit oder Ignoranz fehlschlägt oder ein Projekt zu scheitern droht.

  Üben Sie nie Kritik, wenn Sie selbst noch emotional erregt sind. Das führt in den meisten Fällen zur Eskalation, und damit ist niemandem geholfen. Je größer Ihre emotionale Betroffenheit, desto mehr Zeit sollte zwischen Ereignis und dem Feedback liegen. Lieber eine Nacht darüber schlafen!

  Was nützt es Ihnen, wenn Sie in die Luft gehen und denjenigen niedermachen, der für den Fehler verantwortlich ist? Außer einem großen Scherbenhaufen bleibt meistens wenig zurück.

- **Warten Sie nicht zu lange mit Ihrer Kritik**

  Bei Kritik gilt die Grundregel: Lassen Sie es nicht so weit kommen, dass sich Ihr Ärger aufstaut. Sprechen Sie Ihren Mitarbeiter immer sofort an, wenn Ihnen etwas nicht passt oder etwas schiefgelaufen ist.

  Manche Führungskräfte machen den Fehler, zu lange mit ihrer Kritik zu warten. Sie sammeln Fehler oder Fehlverhalten und holen dann zum großen Rundumschlag aus. Derart in die Ecke gedrängt, muss sich der Mitarbeiter einfach verteidigen.

  Halten Sie mit Ihrer Kritik nicht zu lange hinter dem Berg und geben Sie dem Mitarbeiter die Chance, in kleineren Schritten sein Verhalten zu verändern.

- **Gehen Sie mit eigenem Beispiel voran**

  Auch Sie machen Fehler. Wenn Sie diese bemerken, machen Sie den Versuch, sie eher unter dem Tisch zu halten, oder reden Sie offen über Ihre Versäumnisse?

Und: Wie stellen Sie überhaupt sicher, dass Sie Rückmeldung zu Ihren Fehlern bekommen?

Sie haben sicher selbst einen Vorgesetzten und können nachfühlen, welche fatalen Folgen es hat, wenn dieser nicht kritikfähig ist. Machen Sie nicht den gleichen Fehler. Lassen Sie Kritik nicht nur zu, sondern fördern Sie diese.

Zusammenfassung

Machen Sie es sich zur Gewohnheit, gute Leistungen anzuerkennen.

Machen Sie die Anforderungen an Ihre Mitarbeiter deutlich.

Geben Sie Ihren Mitarbeitern regelmäßig Feedback.

Loben Sie zeitnah und konkret.

Loben Sie den Richtigen.

Vermischen Sie nicht Lob mit Kritik.

Kritisieren Sie sachlich und konstruktiv.

Was wollen Sie von den Hinweisen in diesem Kapitel umsetzen? Schreiben Sie sich bitte alle wichtigen Punkte auf. Nutzen Sie dazu die Umsetzungshilfe am Ende dieses Selbstlernkurses.

Schritt 3: Mit innerer Kündigung umgehen

Innere Kündigung ist eine Erscheinung, die für den einzelnen Mitarbeiter, aber auch für das Team sehr problematisch ist. Innere Kündigung stellt deshalb für Sie als Führungskraft eine große Herausforderung dar.

Innere Kündigung einzelner Mitarbeiter kann zudem zu **Leistungseinbußen im gesamten Team** führen. Denn engagierte Mitarbeiter werden sich fragen, warum sie sich anstrengen, wenn andere sich ausruhen.

Bsp

Frau Rannacher ist Referatsleiterin in einem großen Verband. In letzter Zeit macht sie bei zwei Mitarbeitern, Herrn Schmoll und Herrn Brand, folgende Beobachtungen: Bei Besprechungen und Diskussionen halten diese sich mehr und mehr zurück. Sie erscheinen gedanklich abwesend, einer macht sich sogar lustig über das engagierte Arbeiten der anderen. Am meisten fällt auf, dass beide gelangweilt ihre Zeit absitzen. Sie „verschwinden" förmlich, kommen den ganzen Tag nicht aus ihrem Arbeitszimmer. Die Arbeitsleistung stagniert. Sie nehmen auch an keinen privaten Gesprächen im Kollegenkreis teil.

Überpünktlich wird jeder Arbeitstag von diesen Kollegen beendet. Auf Vorhaltungen wird immer häufiger mit den Schultern gezuckt bzw. weggeschaut. Häufig meldet sich dann einer von den beiden am nächsten Tag krank.

Innere Kündigung beruht auf einem psychologischen Phänomen, dessen sich nur wenige Vorgesetzte und Mitarbeiter bewusst sind: Parallel zum offiziellen Arbeitsvertrag kommt auch ein zweiter Vertrag, ein **„mentaler Vertrag"** zustande:

- Ihr Mitarbeiter verbindet mit dem Vertrag bestimmte **Wertvorstellungen, Erwartungen und Wünsche**. Beispiele hierfür sind Arbeitsanforderungen, Zufriedenheit mit seiner Arbeit, Bewertung und Belohnung, Einbeziehung in Entscheidungsprozesse, Anerkennung und Achtung, Fürsorge und Schutz durch den Arbeitgeber.
- Sie als Vorgesetzter erwarten Loyalität und Einsatzwille beim Mitarbeiter, Leistungsbereitschaft, Zuverlässigkeit und Loyalität.

Im Laufe der Zusammenarbeit wird dieser mentale Vertrag immer wieder gedanklich überprüft, ob er noch Bestand hat. Verläuft der Arbeitsprozess problemlos, ist dieser mentale Vertrag ein **wichtiger Motivationsfaktor**.

Hat der Mitarbeiter aber das Gefühl, der innere Vertrag wird durch die Gegenseite, durch die Behörde oder Sie als Vorgesetzter gebrochen, reagieren viele von ihnen

- zunächst mit Protest,
- dann mit Enttäuschung
- schließlich häufig mit innerer **Verweigerung.**

Eine weitere, mögliche Folge: Der Mitarbeiter sieht sich nach einer beruflichen Alternative um.

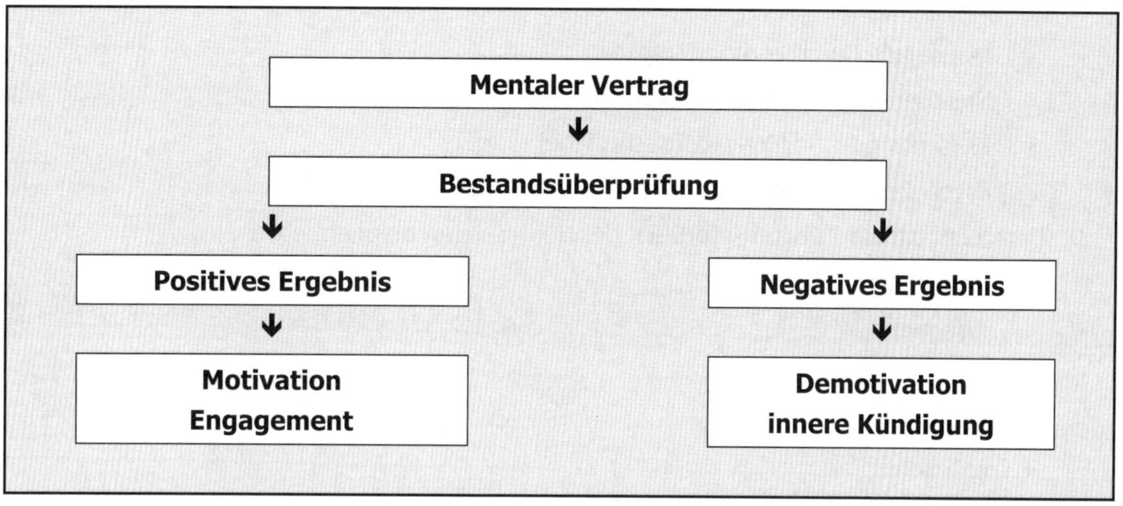

Innere Kündigung kann bei jedem Mitarbeiter entstehen – lediglich auf höherer Führungsebenen kommt sie seltener vor. Der Grund dürfte darin zu finden sein, dass viele Führungskräfte **mehr Gestaltungsmöglichkeiten** haben als Sachbearbeiter und Unterstützungskräfte.
Die Rahmenbedingungen in der öffentlichen Verwaltung (Arbeitsdruck, Beförderungsengpässe, Abstriche bei den Leistungen des Arbeitgebers) werden sich eher noch verschlechtern. Desto wichtiger ist es, dass Sie als Vorgesetzter Ihren „Vertrag" mit dem Mitarbeiter einhalten.

Schaffen Sie Spielräume.

Eine vorbeugende Maßnahme gegen innere Kündigung ist das Schaffen von Spielräumen. Geben Sie Ziele vor, lassen Sie Mitarbeiter Wege zum Ziel und die Organisation der Arbeit selbst bestimmen.

Auf Ursachen für innere Kündigung achten

Innere Kündigung entwickelt sich oft schleichend. Sie tritt oft verdeckt auf und wird von den Vorgesetzten oft nicht sofort erkannt. Mitunter wird die innere Kündigung vom Betroffenen selbst nicht bewusst wahrgenommen.
Es existieren zwei Formen der inneren Kündigung – ganz sicher in Abhängigkeit bestimmter Persönlichkeitseigenschaften der Betroffenen: der **stille Rückzug** (passiv) und die **mentale Verweigerung** (aktiv) („Dienst nach Vorschrift").

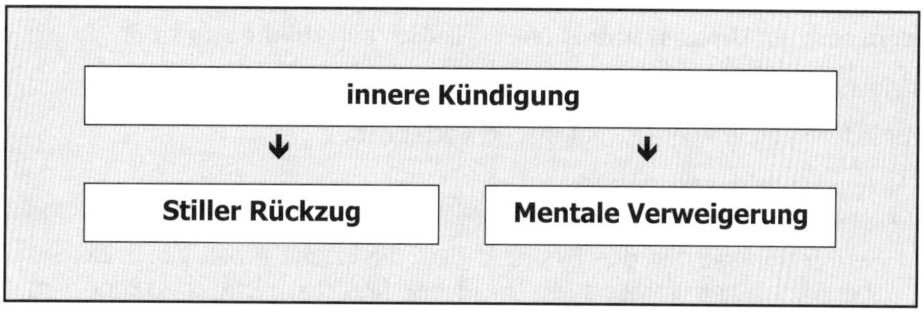

Damit es erst gar nicht so weit kommt, sollten Sie sich die Ursachen bewusst machen, die zu einer inneren Kündigung führen können. Es gibt drei Ursachenkomplexe:

1. Ursachen, die in der **Organisation** zu suchen sind, wie z. B.:

   - **Mangelhafte Arbeitsbedingungen**, die vom Mitarbeiter selbst nicht verschuldet sind und auch selbst nicht verändert werden können, etwa zu kleine Büros, fehlende IT-Ausstattung
   - **schlechtes Arbeitsklima**, destruktive Konkurrenz, Misstrauen, Mobbing, Denunziation.

2. Ursachen, die in der **Person der Betroffenen** selbst liegen, wie beispielsweise:

- Konfliktscheu
- mangelnde Durchsetzungsfähigkeit
- Unsicherheit im Umgang mit anderen
- Zielsetzungs- und Motivationsschwäche
- Psychische Probleme (Burnout, Depressionen).

3. Ursachen, die auf **Führungsfehlern** des Vorgesetzten beruhen, etwa
   - autoritärer Führungsstil
   - Arroganz
   - Unehrlichkeit
   - Ungerechtigkeit
   - kritikscheu
   - übertriebenes und willkürliches Kontrollieren
   - unmotivierte Eingriffe in den Kompetenzbereich der Mitarbeiter
   - mangelnde Beteiligung an Entscheidungsprozessen.

Oft nicht genügend berücksichtigt wird die Tatsache, dass dieser mentale Vertrag auch durch Führungskräfte gekündigt werden kann, wenn sie z. B. enttäuscht sind von den Arbeitsfähigkeiten ihrer Mitarbeiter und das nicht offen zum Ausdruck bringen.

Achten Sie besonders auf innere Kündigung bei Führungskräften.

Sind Sie selbst für Führungskräfte verantwortlich, achten Sie auf deren Motivation. Die innere Kündigung von Führungskräften hat dann natürlich weitaus gravierendere Folgen: Alles potenziert sich, der ganze Arbeitsbereich leidet, die Mitarbeiter verlieren die Orientierung und reagieren womöglich auch mit innerer Kündigung, bei anderen kommt es zu Frustration und Aggressivität.

Mitarbeiter aus der inneren Kündigung holen

Die innere Kündigung wird von den Betroffenen zunächst als **entlastend** für sich selbst wahrgenommen. (*„Ich halte mich zurück!"*, *„Warum soll ich mich engagieren?"*, *„Jetzt mache ich Dienst nach Vorschrift – „die da oben sollen mal sehen...!"*). Doch dies ist trügerisch:

- Der Betroffene spürt, dass sein Verhalten beim sozialen Umfeld nicht nur auf Verständnis, sondern auch auf **Unverständnis** und schließlich auf **Ablehnung** stößt.
- Das eigene Arbeitserleben ist zunehmend negativ gefärbt.
- Unzufriedenheit und Aggressivität machen sich breit.
- Die Motivation geht weiter zurück.

Bsp

Herr Schlösinger hat den Eindruck, dass die eigene Arbeit von anderen, besonders aber von seinen Vorgesetzten, nicht beachtet und nicht anerkannt wird. Langsam macht sich bei ihm das Gefühl breit, nichts mehr zu leisten, nichts mehr wert zu sein.

Er hat das Gefühl, seine Ideen und Vorschläge werden von den anderen ignoriert. Besonders stört er sich an der – nach seinem Empfinden – ablehnenden Haltung seines Vorgesetzten. Daraus resultieren dann Ärger und Frustration.

Herr Schlösinger fühlt sich nicht verstanden, nicht anerkannt. Das Selbstwertgefühl sinkt. Er verliert die Lust an der Arbeit. Er sieht seine Anstrengungen, ja seine ganze Arbeit zunehmend als sinnlos an.

Eigentlich möchte Herr Schlösinger aus diesem Teufelskreis heraus. Aber er sieht keine Alternative. Es entsteht das Gefühl von Ohnmacht.

Mit Augenmaß und dem richtigen Vorgehen können Sie Mitarbeitern aus ihrer inneren Kündigung helfen und ihr Arbeitsinteresse und ihr Engagement wieder stärken. Die vielleicht wichtigste Regel dabei lautet: Bleiben Sie **fordernd, gesprächsbereit und kooperativ**.

Schritt 1: Beobachten Sie die Arbeitseinstellung Ihres Mitarbeiters

Vermuten Sie, dass sich ein Mitarbeiter in die innere Kündigung verabschiedet, können Sie dies anhand der folgenden Fragen überprüfen:

Der Mitarbeiter	ja 3	teilweise 2	nein 1
• war früher sehr engagiert – das hat spürbar nachgelassen	❑	❑	❑
• bringt sich in Dienstbesprechungen nicht mehr ein, meldet sich nicht	❑	❑	❑
• wirkt gelangweilt oder genervt oder macht sich im Stillen lustig	❑	❑	❑
• hält Arbeitsbeginn und besonders Arbeitsende überpünktlich ein	❑	❑	❑
• äußert keine Ideen oder Vorschläge (mehr)	❑	❑	❑
• nimmt Kritik oder sogar auch negative Sanktionen durch den Vorgesetzten kommentarlos hin	❑	❑	❑
• verrichtet seinen Dienst streng nach Vorschrift und reduziert dadurch seine Arbeitsleistung	❑	❑	❑
• nimmt an privaten Gesprächen im Kollegenkreis selten oder gar nicht teil – geht anderen aus dem Weg	❑	❑	❑
• nimmt an geselligen Veranstaltungen der Organisation außerhalb der Arbeitszeit nicht (mehr) teil	❑	❑	❑
• zieht sich zurück, verstummt, „verschwindet" förmlich	❑	❑	❑

Auswertung:

Wenn Sie bei einem Mitarbeiter in mindestens drei solcher Verhaltensweisen mit „ja" antworten müssen und Sie wissen positiv, dass diese Verhaltensweisen für die Betroffenen vorher nicht typisch waren, so besteht der dringende Verdacht, dass hier eine innere Kündigung vorliegt.

Überprüfen Sie immer einen neuen Führungsbereich.

Wenn Sie als neue Führungskraft ein Team übernehmen, schenken Sie dem Phänomen „innere Kündigung" besondere Aufmerksamkeit.

Denn Sie haben die einmalige Chance, durch ein sensibles, aber konsequentes Verhalten und eine gute Kommunikation mit Ihren neuen Mitarbeitern Rückzugstendenzen und Verweigerungshaltung aufzubrechen. Achten Sie besonders auf einen motivierenden Umgang mit Ihren Mitarbeitern – vielleicht war ja der Führungsstil Ihres Vorgängers ein Grund für innere Kündigungen.

Schritt 2: Forschen Sie nach den Ursachen

Es hat wenig Sinn, dem betroffenen Mitarbeiter direkt auf den Kopf zu zusagen, dass er Ihrer Ansicht nach „innerlich gekündigt" hat. – Er würde in einem solchen Fall höchstens versuchen, in Zukunft seine **Leistungsverweigerung** noch besser zu **tarnen**. Außerdem würde er seine innere Blockade gegen seine Aufgaben noch weiter verstärken und kaum noch bereit sein, sein Verhalten zu ändern.

Betreiben Sie stattdessen **Ursachenforschung**. Beobachten Sie zunächst das Verhalten des Betroffenen gründlich, sammeln Sie Fakten.

- Welche Veränderungen sehen Sie in seinem Verhalten?
- Was sind typische Beispiele für diese Verhaltensänderung?
- Welche dieser Veränderungen könnten Anzeichen für eine innere Kündigung sein?
- Welches Verhalten wirkt sich negativ auf die Arbeit und Zusammenarbeit im Team aus?

Schritt 3: Suchen Sie das Gespräch

Vereinbaren Sie ein Gespräch, mit dem Vorhaben, dass Sie allgemein die Kommunikation zwischen Ihnen und allen Mitarbeitern verbessern wollen.

> Prüfen Sie Ihre Einstellung und Ihre Motivation.
>
> Sie werden dem Mitarbeiter nur helfen können, wenn Sie dies auch wirklich wollen und sich aktiv um das Problem kümmern.

Eröffnen Sie das Gespräch, indem Sie von einem **konkreten Anlass** ausgehen, etwa so:

> Bsp
>
> *Ich habe in der letzten Zeit erlebt, gesehen, beobachtet ... dass Sie ... (sich weniger als früher in Besprechungen melden, einbringen ...) .*
>
> *Das verwundert mich (stimmt mich nachdenklich, irritiert mich, enttäuscht mich, ärgert mich ...).*
>
> *Können wir darüber reden? Welche Gründe kann es dafür geben? Ich bin daran interessiert, dass es sich ändert ...*

Hören Sie anschließend den Ausführungen Ihres Mitarbeiters (aktiv) zu.

- Bekunden Sie unbedingt Interesse an den Vorstellungen, Meinungen, Ideen, die der Mitarbeiter nennt.
- Hören Sie auch auf das, was den Betroffenen belastet, was ihn gekränkt hat, was ihn frustriert oder ärgert. „Wischen" Sie das nicht weg, beschwichtigen Sie nicht, rechtfertigen Sie zunächst nichts.

Sie werden auch Dinge hören, zu denen Sie eine andere Meinung haben. Es geht jetzt nicht darum, wer Recht hat, sondern in diesem Gespräch wollen Sie jemanden aus seiner inneren Kündigung „herausholen".

- Erklären Sie Ihre Sichtweise, aber nicht so, dass nur <u>diese</u> als richtig dasteht.
- Versuchen Sie im Verlauf des Gesprächs wenigstens ansatzweise oder teilweise eine **gemeinsame Basis** zu erreichen.
- Eröffnen Sie **Perspektiven und Ziele.** Fragen Sie nach, welche Vorstellungen der Kollege hat. Es kommt darauf an, beim Mitarbeiter eine neue Motivation aufzubauen!

Bsp

Frau Rannacher hat nicht nur die Verhaltensänderung bei Herrn Schlösinger beobachtet. Sie musste auch feststellen, dass seine Leistungen immer mehr nachlassen. Sie traf ihn immer häufiger in der Kaffeeküche bei langen Gesprächen mit anderen Mitarbeitern. Häufig äußerte er sich dabei negativ über den Bereich und die Arbeit.

Frau Rannacher bittet ihn zu einem Gespräch. Sie beginnt das Gespräch mit den Worten: „Herr Schlösinger, ich habe das Gefühl, dass seit einiger Zeit das Klima und die Motivation in unserem Team sich negativ verändert. Haben Sie eine Ahnung, woran das liegen könnte?"

Herr Schlösinger erläutert, dass seiner Meinung nach Vorschläge zu wenig aufgegriffen würden, überhaupt die Kommunikation schlechter geworden wäre.

Frau Rannacher bittet Herrn Schlösinger, ihr konkrete Beispiele zu nennen. Dabei wird ihr bewusst, dass sie sich in letzter Zeit wegen vieler interner Projekte zu wenig Zeit für Mitarbeitergespräche genommen hat.

Schritt 4: Überlegen Sie konkrete Maßnahmen

Ermitteln Sie im Gespräch gemeinsam mit dem Mitarbeiter die Ursachen. Machen Sie deutlich, dass Sie auch weiterhin an der Einschätzung des Mitarbeiters interessiert sind, und bitten Sie ihn, mit Ihnen im Austausch zu bleiben. Bleiben Sie **Ansprechpartner** für Ihren Mitarbeiter.
Sie werden in solchen Gesprächen bemerken, dass die **Ursachen für die innere Kündigung** nicht immer nur beim Betroffenen selbst liegen, sondern dass auch ungünstige Rahmenbedingungen, andere Mitarbeiter und das Klima im Team liegen kann. Auch Sie selbst als Vorgesetzter können Ursache für die Demotivation sein.

Sobald Sie die Ursachen ermittelt haben, sollten Sie an ihnen arbeiten, zusammen mit dem Mitarbeiter. Selbst bei den **Rahmenbedingungen** lässt sich einiges verändern, wenn das auch nicht immer kurzfristig möglich ist.
Prüfen Sie immer, inwieweit Sie selbst Anteil an der negativen Einstellung Ihres Mitarbeiters haben, zum Beispiel weil Sie

- keine **transparenten Grundsätze** haben, nach denen Sie Ihren Umgang mit den Mitarbeitern ausrichten
- Ihren Mitarbeitern Zusagen machen, die Sie später nicht einhalten
- **eigene Fehler** ungern eingestehen
- auf Kritik unwirsch reagieren
- bei interessanten Aufgaben und Projekten immer nur bestimmte Mitarbeiter bevorzugen
- Mitarbeiter ungleich bewerten, bei einigen großzügig sind, bei anderen kleinlich
- Ihr Team über wichtige **Ziele und Entwicklungen** unzureichend, gar nicht oder unterschiedlich informieren
- keine klaren **Leistungsanforderungen** an Mitarbeiter definieren
- alles und jedes kontrollieren – aus Angst, es könnte etwas schiefgehen.

Schritt 5: Geben Sie dem Mitarbeiter Zeit

In der Regel lässt sich innere Kündigung bei einem Betroffenen nicht mit einem einzigen Gespräch abbauen. Oft sind die psychischen Prozesse schon weit fortgeschritten. Was sich vielleicht über Monate oder sogar Jahre „eingeschlichen" hat, lässt sich nicht mehr so schnell ändern. Vor allem dann, wenn der Mitarbeiter den Rückzug als Entlastung empfindet. (*„Denen zeige ich es!", „Endlich bin ich diesen Ärger los!", „Es ist mir alles egal!"...)*

Seien Sie geduldig.

Die vom Mitarbeiter aufgebaute **Fehleinstellung** und das gelernte destruktive Verhalten muss sich langsam wieder „ausschleichen"!

Schritt 6: Vergessen Sie die anderen Mitarbeiter nicht
Sollte sich das Verhalten der Betroffenen nicht ändern, richten Sie den Focus Ihrer Aufmerksamkeit wieder auf Ihre anderen Mitarbeiter. Lassen Sie den Betroffenen zunächst einmal „in Ruhe".

Auf diese Weise verhindern Sie, dass Sie einen zu **großen Druck** aufbauen und zugleich Ihre engagierten Mitarbeiter aus dem Blick verlieren. Die Folge: Sie fühlen sich und ihre Leistung zu wenig gewürdigt, Unmut über Ihr Führungsverhalten macht sich breit.

Außerdem können auch schon Veränderungsprozesse bei Ihren betroffenen Mitarbeitern in Gang gesetzt worden sein oder die Maßnahmen, die Sie bezüglich der Rahmenbedingungen unternommen haben, beginnen erste Früchte zu zeigen.

Es kann sein, dass hinter der vermuteten inneren Kündigung eine psychische Krankheit steckt. **Depressionen** oder **Burnout-Syndrom** können Sie nicht „behandeln". Wenn Sie in Ihrem Gespräch feststellen, dass der Betroffene

- insgesamt wenig oder keinen Lebenssinn sieht,
- ihm über den Arbeitsbereich hinaus alles grau erscheint
- er von unbestimmten Ängsten spricht,

dann ist **professionelle Hilfe** bei einem Therapeuten angesagt. Sie als Vorgesetzter können ihm helfen, indem Sie ihm versichern, dass Sie auf seine Gesundung warten, weil Sie ihn als vollwertiges Mitglied Ihres Teams brauchen.

Wenn es Ihnen – trotz der dargestellten Maßnahmen – nicht gleich gelingt, den Betroffenen aus der inneren Kündigung herauszuholen, bleiben Sie gelassen. Denken Sie daran, dass der Mitarbeiter auch **Verantwortung für sich selbst** trägt. Führen Sie Ihr Team gelassen und planvoll weiter – achten Sie aber darauf, dass Sie selbst durch Ihr Verhalten keinen Anlass geben, in die innere Kündigung abzugleiten.

Zusammenfassung

Achten Sie auf Zeichen innerer Kündigung.

Denken Sie daran, dass die Ursache für innere Kündigung auch in den Arbeitsbedingungen, im Team oder bei Ihnen liegen kann.

Sorgen Sie vor: Lassen Sie Mitarbeiter nicht in die Frustration abgleiten. Beschäftigen Sie sich mit ihnen, sorgen Sie für Anerkennung und Zuwendung.

Reflektieren Sie Ihr eigenes Verhalten, ob es zu innerer Kündigung beitragen kann.

Suchen Sie das Gespräch, lassen Sie den Mitarbeiter seine Probleme vortragen, hören Sie zu.

Versuchen Sie gemeinsam Wege aus der inneren Kündigung zu finden.

Bieten Sie sich als Gesprächspartner an und gehen Sie auf den Mitarbeiter zu.

Lassen Sie dem Mitarbeiter Zeit, seine Einstellung und sein Verhalten zu ändern.

Vergessen Sie dabei nicht die anderen Mitarbeiter.

Was wollen Sie von den Hinweisen in diesem Kapitel umsetzen? Schreiben Sie sich bitte alle wichtigen Punkte auf. Nutzen Sie dazu die Umsetzungshilfe am Ende dieses Selbstlernkurses.

Schritt 4: Mit Fehlverhalten umgehen

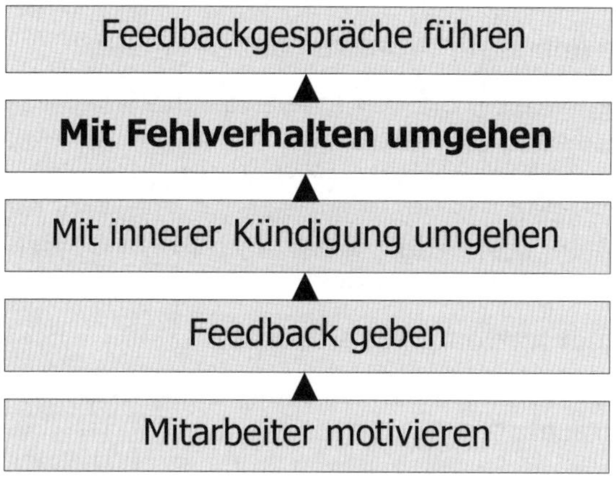

Mitarbeiter folgen Ihren Anweisungen nicht, vernachlässigen ihre Pflichten, halten sich nicht an Absprachen, missachten grob fahrlässig Vorschriften, kommen immer wieder zu spät, überziehen ihre Pausen, kommen gar alkoholisiert zur Arbeit. Mit Recht kann man solche Verhaltensweisen als **Fehlverhalten** bezeichnen.

In solchen Fällen müssen Sie handeln. Erstens kann sich ein solches Verhalten schnell einschleifen, zweitens auf andere Mitarbeiter abfärben nach dem Motto: *Das scheint den Chef nicht zu interessieren, dann können wir das auch machen.*

Fehlverhalten analysieren

Warum zeigen Mitarbeiter ein Fehlverhalten?

Die Gründe können unterschiedlich sein, sie können in der Arbeit, bei der Zusammenarbeit mit den Kollegen, aber auch im privaten Bereich liegen. Möglich sind natürlich auch Probleme, die der Mitarbeiter mit Ihnen hat. Fehlverhalten eines Mitarbeiters kann sich zeigen im

- Arbeitsverhalten
- persönlichen Verhalten
- kollegialen Verhalten.

Typische **Ursachen für Fehlverhalten** sind

- **Stress** durch fehlende Zeit, unklare Ziele oder fehlende Methodenkompetenz
- **Frustration** durch fehlenden Erfolg und fehlende Anerkennung
- **Unvermögen** durch fehlendes Können und fehlendes Wissen
- **Probleme in der Zusammenarbeit** aufgrund von Meinungsverschiedenheiten und ungelöster Konflikte
- **Integrationsprobleme** aufgrund persönlichen Eigenschaften **des Mitarbeiters**
- **Probleme aufgrund der persönlichen Situation** eines Mitarbeiters.

Ignorieren Sie nicht die Probleme, die Mitarbeiter mit sich selbst und anderen haben. Machen Sie nicht den Fehler, individuelle Probleme zur Privatangelegenheit eines Mitarbeiters zu erklären. Sie bergen eine enorme Sprengkraft.

Fehlverhalten kann sich einschleifen und auch auf andere abfärben. Je mehr es zur Gewohnheit geworden ist, desto schwieriger ist es für den Mitarbeiter, sich davon wieder zu lösen.

Bsp

Zu Ihrem Team gehört ein Mitarbeiter, der Ihnen Sorgen macht. Für Sie war er bislang einer der zuverlässigsten Mitarbeiter. Doch in letzter Zeit kommt er häufig zu spät und mokiert sich über die Arbeitsbelastung. Letzten Freitag haben Sie mitbekommen, dass er zwei Stunden zu früh nach Hause gegangen ist, ohne Ihnen Bescheid zu geben.

In einem solchen Fall müssen Sie reagieren, schnell und konsequent:

Schritt 1: Fahnden Sie nach den Ursachen

Wie gehen Sie am besten mit Mitarbeitern um, die ihre Probleme ins Team tragen? Kaum ein Mitarbeiter wird direkt auf Sie zukommen und seine individuellen Probleme offen mit Ihnen besprechen. Sie müssen daher das Verhalten Ihrer Mitarbeiter regelmäßig und sensibel beobachten, um mögliche Probleme frühzeitig zu erkennen.

Diese sechs Fragen helfen Ihnen, individuelle Probleme eines Mitarbeiters aufzuspüren:

- **Gibt es ein bestimmtes Verhalten, das Anlass für Probleme geben könnte?**

  Problematisch sind in erster Linie Verhaltensweisen, die den Arbeitsablauf stören, die gemeinsame Arbeit behindern und sich negativ auf das Arbeitsklima auswirken. Hinzu kommen alle Verhaltensweisen, die bei denen der Arbeitnehmer seine vertraglichen Pflichten verletzt. Beispiele sind mangelnde Arbeitsleistung, Nichteinhalten der Arbeitszeiten, Nichtbeachtung von Anweisungen und Vorschriften, aber beispielsweise auch Mobbing, sexuelle Belästigung, Alkohol am Arbeitsplatz, Verbreiten von Gerüchten.

- **Hat sich ein bestimmtes Verhalten in der letzten Zeit verändert?**

  Menschen ändern sich. Beispielsweise wirkt ein Mitarbeiter zunehmend aggressiv, weil er mit seinen privaten Problemen nicht zurechtkommt.

  Wenn ja: Wie hat sich das Verhalten verändert? Und weiter:

  - Handelt es sich um eine kurzfristige oder periodische Erscheinung?
  - Ist erkennbar, dass das störende Verhalten zunimmt?
  - Wann tritt das Verhalten auf? Ist es eine Reaktion auf bestimmte Umstände oder Verhaltensweisen anderer?

- **Gibt es genügend Anhaltspunkte für die Beobachtung?**

  Denken Sie daran: Jeder hat einmal einen schlechten Tag. Vielleicht liegen die Ursachen für eine „patzige" Antwort ja einfach an einer **Überlastungssituation** durch eine kurzfristig übernommene Aufgabe.

- **Haben andere die selben Beobachtungen gemacht?**

  Verlassen Sie sich nicht nur auf Ihre eigene Wahrnehmung. Möglicherweise reagieren Sie ja sehr empfindlich auf ein bestimmtes Verhalten, das andere überhaupt nicht stört.

  Holen Sie die **Meinung von Dritten** ein. Seien Sie dabei aber vorsichtig. Mit suggestiven Fragen wie *„Nervt Sie das Getue von Frau Müller auch so wahnsinnig?"* provozieren Sie eine negative Rückmeldung. Versuchen Sie, die Fragen möglichst neutral zu stellen, zum Beispiel: *„Wie bewerten Sie das Klima im Team? Gibt es etwas, was Sie ansprechen möchten?"*

- **Sind der Person ihr Verhalten und die daraus entstehenden Probleme bewusst?**

  Vielleicht ist dem Mitarbeiter ja gar nicht klar, wie sehr sein Verhalten andere stört oder beeinträchtigt. Ein Choleriker, der andere Mitarbeiter gerne anschreit, macht sich möglicherweise überhaupt keine Gedanken darüber, welche Auswirkungen sein Verhalten auf das Arbeitsklima hat. Ein Mensch, der gerne und ausführlich Geschichten erzählt, kann sich vielleicht nicht vorstellen, dass er dadurch nicht nur seinen eigene Arbeitsoutput schmälert, sondern auch noch andere von ihrer Arbeit abhält.

Drücken Sie auch mal ein Auge zu.

Sie müssen nicht bei jeder Kleinigkeit sofort den Mitarbeiter einbestellen, um ihm Vorhaltungen zu machen. Reagieren Sie jedoch konsequent, wenn sich ein Fehlverhalten wiederholt.

Schritt 2: Sprechen Sie das Fehlverhalten an

Um Fehlverhalten ändern zu können, ist der erste Schritt, bei dem Mitarbeiter ein **Problembewusstsein** zu schaffen. Denken Sie bitte daran: Was für Sie ein Fehlverhalten, ein Problem darstellt, kann von Ihrem Mitarbeiter ganz anders empfunden werden.

Machen Sie dem betreffenden Mitarbeiter klar, welche **Reaktionen** sein Verhalten bei anderen erzeugt. Gehen Sie dabei vorsichtig zu Werke. Formulierungen wie *„Hat Ihnen schon mal jemand gesagt, wie nervtötend Ihr dauerndes Geschwätz ist?"* stoßen Menschen vor den Kopf und führen möglicherweise zu **Trotzreaktionen**.

Aber: Verfallen Sie auch nicht in das Gegenteil, und verharmlosen Sie die Umstände. Sprechen Sie das Problem offen an, und zeigen Sie deutlich, dass Sie eine Verhaltensänderung erwarten.

Teilen Sie ihm Ihre Beobachtungen mit, gehen Sie dabei immer von Tatsachen aus, bezeichnen, beschreiben Sie das Fehlverhalten möglichst genau, nennen Sie Beispiele. Begründen Sie, warum ein solches Verhalten problematisch ist. Zeigen Sie die Auswirkungen so klar wie möglich auf.

Vereinbarungen treffen

Suchen Sie das Gespräch. Achten Sie auf den richtigen Rahmen und auf eine entspannte Atmosphäre. Sie selbst sollten gefühlsmäßig nicht zu stark beteiligt sein, Vertagen Sie lieber das Gespräch, wenn Sie immer noch wütend oder verärgert sind.

Konzentrieren Sie sich auf die Problemlösung.

Diskutieren Sie nicht lang und breit die Schuldfrage, arbeiten Sie systematisch auf die Lösung es Problems hin.

Das Gespräch mit dem Mitarbeiter wird dann erfolgreich sein, wenn Sie gemeinsam die folgenden Punkte erarbeiten:

Fehlverhalten erkennen ↓	Dem Mitarbeiter sollte klar werden, was genau an seinem Verhalten zu bemängeln ist und warum dieses Verhalten nicht akzeptabel ist.
Ursachen ermitteln ↓	Versuchen Sie im Gespräch die Ursachen des Verhaltens zu ermitteln. Nur wenn Sie die Ursachen kennen, können Sie nach Möglichkeiten suchen, diese Ursachen abzustellen – wenn beispielsweise der Mitarbeiter häufig zu spät kommt, kann dies mit mangelnder Organisation, mit persönlichen Problemen oder auch mit fehlender Motivation zusammen hängen.
Auswirkungen verstehen ↓	Der Mitarbeiter sieht ein, dass sein Verhalten Probleme mit sich bringt.
Lösungen erarbeiten ↓	Suchen Sie gemeinsam nach einer Lösung. Prüfen Sie die Praxistauglichkeit der Lösung und sichern Sie ab, dass der Mitarbeiter hinter der Lösung steht. Die Lösung sollte bei den Ursachen ansetzen, sonst ist keine dauerhafte Veränderung wahrscheinlich.
Unterstützung anbieten ↓	Verhalten zu ändern ist oft langwierig und erfordert Energie und Ausdauer. Unterstützen Sie Ihren Mitarbeiter bei seinem Vorhaben. Besprechen Sie mit ihm, wie Sie ihm helfen und ihn unterstützen können.
Maßnahmen vereinbaren	Am Ende stehen konkrete Vereinbarungen. Was soll der Mitarbeiter tun, was soll er lassen? Aber auch: Welche Aufgaben übernehmen Sie als Vorgesetzter? Wie können Sie den Mitarbeiter unterstützen? Wie können Sie ihn stäken?

Eine wichtige Voraussetzung ist, dass Sie hinter dem stehen, was Sie sagen. Wenn Sie selbst nicht von Ihrer Kritik überzeugt sind, wird Ihnen die Überzeugungskraft fehlen, den Mitarbeiter zum korrekten Verhalten anzuleiten.

Ablauf eines Gespräches zum Thema Fehlverhalten

Führen Sie das Gespräch in folgenden zehn Schritten:

1. Darstellung des Sachverhalts aus Ihrer Sicht	*Mir ist aufgefallen, dass Sie in den letzten Wochen ....*
2. Bitte um Stellungnahme	*Wie sehen Sie die Angelegenheit?*
3. Gemeinsame Einschätzung der Situation herstellen	*Wir sind uns also einig, ...*
4. Bitte um Ideen für die Problemlösung aus Sicht des Mitarbeiters	*Was können Sie sich vorstellen zu tun, um ...*
5. Bitte um Bewertung der Erfolgsaussichten der möglichen Maßnahmen	*Wie sicher sind Sie, auf diese Weise ...*
6. Unterstützung anbieten	*Wie kann ich Ihnen helfen ...*
7. Vereinbarung von Maßnahmen	*Dann sind wir uns einig, dass Sie ...*
8. Vereinbarung der Kontrolle	*Bis wann könnten Sie ...*
9. Zusammenfassung der wesentlichen Gesprächsergebnisse, Rückversicherung	*Sind wir uns dann einig, dass ...*
10. versöhnlicher Ausklang	*Ich bin zuversichtlich ...*

Verstärken Sie über gezieltes Feedback

Auch neues Verhalten muss sich erst einschleifen, es braucht Zeit. Sie können es über **positives Feedback** immer wieder verstärken. Auch kleine Erfolge und Verbesserungen sollten Ihnen ein Lob wert sein. So unterstützen Sie am besten die dauerhafte Verhaltensänderung. Kritik ist in dieser Phase eher kontraproduktiv, weil es das neue Verhalten nicht stärkt.

Behalten Sie den Mitarbeiter nach dem Gespräch im Blick. Die Abmachung nutzt wenig, wenn der Mitarbeiter den Eindruck hat, Sie kümmern sich ja doch nicht weiter um die Angelegenheit.

Seien Sie konsequent bei erneutem Fehlverhalten

Wenn der Mitarbeiter trotz Ihres Feedbacks das Fehlverhalten weiter betreibt, sollten Sie unmittelbar ein weiteres Gespräch anberaumen. Wiederholen Sie noch einmal Ihre Kritik, begründen Sie sie noch einmal und kündigen Sie als neues Element Konsequenzen an, wenn der Mitarbeiter das Verhalten nicht einstellt. Diese Konsequenzen müssen Gewicht haben, denn Ihr Ziel ist es, den Mitarbeiter dazu zu bringen, darüber nachzudenken, ob er diese Konsequenzen wirklich in Kauf nehmen will. Machen Sie deutlich, dass Sie es ernst meinen.

Wiederholt sich das Fehlverhalten erneut, setzen Sie die angedrohten Maßnahmen durch. Nur so lernt der Mitarbeiter, dass Sie freundlich und konsequent sind, dass Sie bewusst **Grenzen** setzen.

Zusammenfassung

Reagieren Sie schnell auf Fehlverhalten, es sollte sich nicht einschleifen.

Ermitteln Sie die Ursachen, doktern Sie nicht an Symptomen herum.

Vergewissern Sie sich ggf. bei Dritten, ob Sie mit Ihrer Einschätzung richtig liegen.

Sprechen Sie das Fehlverhalten an, so schnell wie möglich.

Suchen Sie das Gespräch mit dem Mitarbeiter.

Diskutieren Sie nicht ausgiebig die Schuldfrage, suchen Sie lieber gemeinsam nach einer Lösung.

Treffen Sie mit dem Mitarbeiter eine konkrete Vereinbarung zu seinem Verhalten.

Unterstützen Sie ihn mit positivem Feedback.

Reagieren Sie sofort, wenn das Fehlverhalten erneut auftritt.

Wenn Sie diese Punkte beachten, schnell und konsequent reagieren, dürften Sie mit problematischen Verhaltensweisen in Zukunft nur noch wenige Probleme haben.

Was wollen Sie von den Hinweisen in diesem Kapitel umsetzen? Schreiben Sie sich bitte alle wichtigen Punkte auf. Nutzen Sie dazu die Umsetzungshilfe am Ende dieses Selbstlernkurses.

Schritt 5: Feedbackgespräche führen

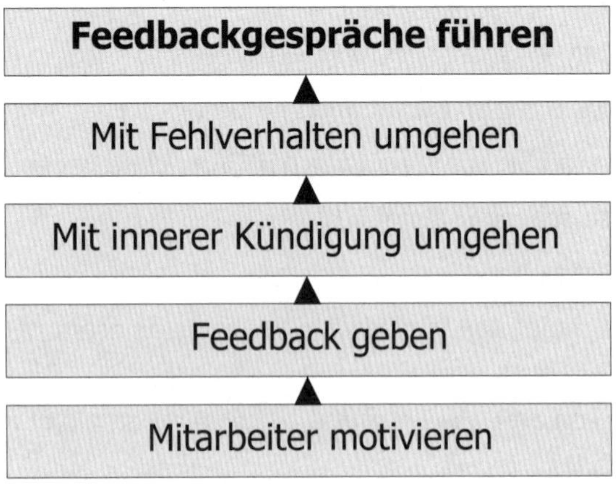

Viele Führungskräfte geizen mit ihrer Rückmeldung. Ihr Motto: *Schweigen ist schon Lob genug*. Schließlich werden die Mitarbeiter ja für ihre Leistung bezahlt.

Auf der anderen Seite möchten die meisten Mitarbeiter ihre Arbeit gut machen, wissen aber nicht immer, wie gut ihnen dies gelingt. Mitarbeiter erwarten, brauchen und wünschen sich deshalb eine Rückmeldung.

Beide Umstände, zusammengenommen, hindern die Effektivität der Arbeit und die Motivation der Mitarbeiter.

Bsp

Petra Bentata arbeitet nun seit drei Monaten als Sachbearbeiterin in einer Verbraucherberatungsstelle. Ihre Vorgesetzte, Klaudia Merks, hat sich in den ersten Tagen viel um sie gekümmert, hat ihr vieles gezeigt und erklärt, hat sie ermuntert und hatte ein offenes Ohr für ihre Fragen und Probleme.

Petra Bentata ist mittlerweile gut eingearbeitet, in manchen organisatorischen und rechtlichen Fragen aber noch etwas unsicher. Die Folge: Nicht immer hält sich Frau Bentata an vorgegebene Abläufe und überschreitet zudem bisweilen ihre Befugnisse. Ihre Vorgesetzte stört dies und sie fühlt sich genötigt die Fehler ausführlich zu kritisieren. Petra Bentata hat immer mehr das Gefühle, ihrer Vorgesetzten nichts mehr recht machen zu können.

Mitarbeiter erhalten vielfach zu wenig Feedback. Gute Leistungen werden häufig als selbstverständlich angenommen, erst wenn etwas nicht ganz so hinhaut, wie sich das Vorgesetzte vorstellen, wird kritisiert.

Denken Sie bitte auch daran: Jeder Mitarbeiter hat ein **Recht auf Rückmeldung**. Seien Sie fair, lassen Sie niemanden links liegen.

Den richtigen Rahmen bildet das **Feedbackgespräch.** Ziele des Feedbackgespräches sind:

- Leistungen hervorzuheben

  Bsp

  Frau Bentata, Sie haben sich ungewöhnlich schnell in Ihre neue Aufgabe eingearbeitet. Das freut mich sehr.

- positive Verhaltensweisen zu stützen und zu fördern

  Bsp

  Frau Bentata, wie professionell Sie mit Ihren Klienten umgehen, gefällt mir ausgesprochen gut.

- negative Verhaltensweisen zu korrigieren

  Bsp

  Ich würde mir wünschen, dass Sie sich strikter an die vorgegebenen Strukturen halten, weil es sonst zu Verzögerungen kommen kann.

- Beziehungen zu klären

  Bsp

  Ich arbeite gerne mit Ihnen zusammen. Mich interessiert natürlich auch, wie Sie unsere Zusammenarbeit einschätzen.

Es gibt zwei Gelegenheiten, wann Sie ein Feedbackgespräch führen sollten:

- **aus einem bestimmten Anlass**

  Der Mitarbeiter hat sich durch besondere Leistungen hervorgetan, hat eine wichtige Aufgabe, ein Projekt abgeschlossen oder in ihn gesetzte Erwartungen nicht erfüllt.

- **in regulärem Turnus**

  Führen Sie regelmäßig mit allen Ihren Mitarbeitern ein Feedbackgespräch. Bei gestandenen Mitarbeitern reicht es, wenn sie sich ein- bis zweimal im Jahr zusammensetzen. Bei Mitarbeitern, die eine neue Aufgabe übernehmen, können Gespräche im Wochenrhythmus sinnvoll sein. Je kürzer die Intervalle, desto kürzer fallen die Gespräche aus.

Funktion des Feedbackgesprächs

Es hilft dem Mitarbeiter

- sich über die Sicht des Vorgesetzten hinsichtlich seiner Leistungen zu informieren
- Informationen zu erhalten, welche Stärken und Fähigkeiten er weiter ausbauen soll
- sich bewusst zu machen, wo seine Schwachstellen liegen, wie diese zu beseitigen sind
- sich motiviert neuen Zielen zuzuwenden.

Es hilft dem Vorgesetzten

- mit der detaillierten Rückmeldung den Mitarbeiter zu motivieren
- Unklarheiten und Missverständnisse zu klären und damit Konfliktpotenzial zu vermeiden.
- durch die Rückmeldung des Mitarbeiters neue Einsichten zu seiner Einstellung und Motivation zu verschaffen.

Feedbackgespräche vorbereiten

Hinter einem Feedback steht immer ein **Soll-/Ist-Vergleich**. Sie stellen an den Mitarbeiter bestimmte Anforderungen und ermitteln, ob er diesen Anforderungen gerecht wird. Wichtig sind dabei die folgenden Punkte:

1. Definieren Sie die Anforderungen

Sie sollten Ihren Mitarbeiter mit Ihrer Einschätzung nicht überraschen. Voraussetzung dafür ist, dass er weiß, worauf es ankommt, was Sie von ihm erwarten. Deshalb sollten Sie mit ihm über

- die Ziele seiner Arbeit
- sein Beitrag zum Erfolg des Teams

und

- Ihre Erwartungshaltung

sprechen.

Der richtige Rahmen dafür ist das **Mitarbeitergespräch**. Natürlich sollten Sie auch danach nicht mit Feedback geizen, nur so weiß der Mitarbeiter, wo er steht und wie Sie ihn und seine Entwicklung einschätzen.

2. Beobachten Sie regelmäßig

Eine kontinuierliche Beobachtung ist auch deshalb notwendig, weil wir uns an Dinge, die in den letzten vier Wochen geschehen sind, noch recht gut erinnern können, weiter zurückliegende Ereignisse aber schnell verblassen. Zu der Regel gibt es eine Ausnahme: Dinge, die uns emotional angesprochen haben, bleiben länger und besser haften. Die kann eine außergewöhnliche Leistung sein, aber auch ein Fehler des Mitarbeiters, der zu größerem Ärger geführt hat.

3. Stützen Sie sich auf eigene Beobachtungen

Wichtig ist, dass Sie sich auf eigene Beobachtungen stützen. Seien Sie kritisch in Bezug auf Informationen Dritter, etwa Kollegen oder Mitarbeiter. Solche Informationen sollten Sie entweder unberücksichtigt lassen oder doch zumindest hinterfragen:

- Holen Sie die Meinung weiterer Personen ein.
- Lassen Sie sich Beispiele nennen.
- Sichern Sie die Fremdeindrücke durch eigene Beobachtungen ab.

4. Beschreiben Sie ohne Wertung

Protokollieren Sie stichwortartig Ihre Beobachtungen. Achten Sie dabei auf folgende Punkte:

- Das Beobachtete nicht deuten, sondern wertfrei aufzeichnen.
- Leistungen und zugehöriges Verhalten so präzise wie möglich beschreiben.

Beobachten und Bewerten trennen.

Schreiben Sie erst einmal auf, was Ihnen im Laufe der Zeit auffällt. Vermerken Sie sachlich Ihre Beobachtungen. Nehmen Sie die Bewertung erst bei der Durchsicht Ihrer Notizen vor.

5. Fügen Sie Ihre Beobachtungen zu einem Bild zusammen

Strukturieren Sie das Bild, das Sie sich als Vorgesetzter von den Leistungen des Mitarbeiters gemacht haben, und planen Sie auf dieser Grundlage das Gespräch:

- Welche Punkte wollen Sie ansprechen?
- In welcher Reihenfolge?
- Mit welchem Ziel?

Achten Sie darauf, dass Sie auch positive Aspekte ansprechen und aus dem Feedbackgespräch möglichst kein reines Kritikgespräch wird.

6. Informieren Sie Ihren Mitarbeiter rechtzeitig

Stimmen Sie mit dem Mitarbeiter einen **geeigneten Termin und Ort** für das Gespräch ab. Ihr Mitarbeiter und auch Sie sollten sich gründlich genug auf das Gespräch vorbereiten können. Ein Vorlauf von zwei Wochen sollte deshalb die Regel sein.

Selbstverständlich sollten Sie Störungen und Unterbrechungen vorbeugen.

Feedbackgespräch als Gelegenheit zu einem tatsächlichen Gespräch nutzen

Ein Feedbackgespräch hat unterschiedliche Ziele. Das wichtigste ist natürlich, den Mitarbeiter über die Einschätzung seiner Leistung und seines Verhaltens zu informieren. Zudem dient das Gespräch dazu, mit dem Mitarbeiter über Ihre Einschätzung ins Gespräch zu kommen.

Das Gespräch dient auch als Hilfe für Sie:

- Habe ich Leistung und Verhalten richtig wahrgenommen?
- Sind mir Dinge entgangen, die für die Bewertung der Leistungen und des Verhaltens wichtig sind?

Das Feedbackgespräch sollte nicht missbraucht werden als Verkündung der Meinung des Vorgesetzten, sondern es sollte helfen, die folgenden Fragen zu beantworten:

- Welche Aufgaben hat der Mitarbeiter?
- Welche Leistungen wurden von ihm erbracht?
- Welche Leistungen waren überdurchschnittlich, welche bemerkenswert?
- Wo sieht der Mitarbeiter seine besonderen Leistungen?
- Wo lagen Leistungen unter dem Durchschnitt?
- Wie beurteilt der Mitarbeiter diese Leistungen?

- Welche Gründe haben zu diesen unzureichenden Leistungen geführt?
- Welches Verhalten war besonders positiv, welches Verhalten sollte der Mitarbeiter überdenken?

Zusätzlich zu den Leistungen können Sie auch das Verhalten ansprechen.

Gehen Sie im Gespräch systematisch vor. Unabhängig davon, ob es sich um ein Gespräch aus besonderem Anlass oder ein turnusmäßiges Gespräch handelt, auf diese sechs Punkte sollten Sie achten:

1. Sorgen Sie für einen positiven Einstieg

Die **Einleitung** dient der Kontaktaufnahme und dem Abgleich der Ziele des Gesprächs. Erklären Sie das **Gesprächsziel, den Ablauf und die geschätzte Dauer** des Gesprächs. Leiten Sie anschließend, nach ein paar persönlichen Worten, zum Kern des Gesprächs über.

2. Fangen Sie mit dem Gesamteindruck an

Bleiben Sie zuerst auf sicherem Boden. Reden Sie als Erstes über

- die **Aufgaben des Mitarbeiters**

danach über

- die Art der **Aufgabenerfüllung**
- besondere **Belastungen und Rahmenbedingungen** und
- die **Darstellung und Beurteilung der Leistungen.**

Ziehen Sie Bilanz: Was für Leistungen fordert der Arbeitsplatz (**Soll-Anforderungen**), welche Leistungen zeigt der Mitarbeiter (**Ist-Analyse**). Arbeiten Sie die Folgen der **Abweichungen** heraus.

3. Gehen Sie auf einzelne Punkte ein

Fangen Sie mit den **Leistungsstärken** an. Machen Sie deutlich, was Sie positiv sehen und auch so bewerten:

- Was sehen Sie als bemerkenswert an?
- Von welchen Ergebnissen und Leistungen waren Sie besonders angetan?

Fügen Sie bei jedem Beurteilungspunkt eine **ausführliche Begründung** bei. Stützen Sie sich dabei auf Ihre Notizen, liefern Sie Fakten, führen Sie Beispiele an.

Seien Sie konkret.

Schildern Sie Ihre Beobachtungen, beschreiben Sie präzise und eindeutig, erläutern Sie beispielhaft und nachvollziehbar.

Die einzelnen Punkte werden durchgesprochen, immer im Wechsel

- aus Ihrer Sicht
- aus der Sicht des Mitarbeiters und
- im Vergleich der Einschätzungen miteinander.

Bsp

Ich sehe diesen Punkt genauso wie Sie, Sie haben sich gut in das neue Aufgabengebiet eingearbeitet. Allerdings ist mir auch aufgefallen, dass Sie ...

Gehen Sie auf die Argumente Ihres Mitarbeiters ein. Aber achten Sie darauf, dass der Mitarbeiter nicht abschweift, und Sie sich nicht in nutzlosen Diskussionen oder Detailfragen verlieren.

Bei der Besprechung der negativ bewerteten Merkmale steht im Mittelpunkt, dem Mitarbeiter Mängel bewusst zu machen, ihm die **Auswirkungen dieser Schwachstellen** auf seine Arbeit und Entwicklung zu verdeutlichen und in ihm die Motivation zu fördern, diese Mängel zu beseitigen.

Betonen Sie das Eigeninteresse des Mitarbeiters.

Es ist wichtig, dass Sie Ihrem Mitarbeiter bewusst machen, dass eine Verbesserung auch und vor allem in seinem Interesse liegt.

4. Schenken Sie dem Mitarbeiter Ihr Ohr für seine Anliegen

Sicherlich hat auch der Mitarbeiter Fragen. Nehmen Sie sich Zeit, ausführlich auf diese Fragen einzugehen.

Es sollte während des gesamten Gespräches deutlich werden, dass Ihre Einschätzungen nicht unumstößlich sind, sondern dass Sie andere Sichtweisen tolerieren und dass es sich lohnt, die Einschätzungen abzugleichen.

Geben Sie dem Mitarbeiter Raum, seine Wünsche und Anregungen einzubringen. Ihr Mitarbeiter sollte am Ende des Gespräches das Gefühl haben, alle wesentlichen Punkte erörtert zu haben. In diesem Sinne sollten Sie am Ende des Gespräches noch einmal nachfragen, ob aus seiner Sicht noch Dinge offen sind.

5. Halten Sie das Ergebnis fest

Möglichst sollten Sie im Gespräch schon die eine oder andere **Vereinbarung** festhalten, die Sie mit Ihrem Mitarbeiter getroffen haben. Dann kommen die folgenden Fragen hinzu:

- Was folgt jetzt aus dem Gespräch?
- Welche Maßnahmen sind vorgesehen?
- Welche Termine sind dafür zu setzen?
- Wer führt die Maßnahme durch, wer kontrolliert, wer hilft?

Je genauer Sie die Ergebnisse festhalten, ja präziser Sie sie in einem Maßnahmeplan mit Terminen festhalten, desto leichter werden Sie die Umsetzung begleiten und kontrollieren können.

6. Sorgen Sie für einen positiven Abschluss

Fassen Sie den Verlauf und die Ergebnisse des Gesprächs noch einmal zusammen. Fragen Sie nach, ob Sie alles richtig dargestellt haben und ob Ihr Gesprächspartner noch Ergänzungen hat. Der Abschluss sollte genauso persönlich und positiv sein wie der Einstieg ins Gespräch.

Ablauf eines Feedbackgesprächs

1. **Einstieg**
   Begrüßen
   Gesprächsanlass verdeutlichen
   Ziele klären
   Verlauf des Gespräches abklären

2.1 **Leistungs- und Verhaltensanalyse**
   Leistungen und Verhalten des Mitarbeiters einschätzen
   Mitarbeiter eigene Leistungen einschätzen lassen
   ggf. typische Beispiele heranziehen

2.2 **Sichtweisen vergleichen**
   Gemeinsamkeiten in der Einschätzung festhalten
   Sich über unterschiedliche Auffassungen und deren Gründe auseinandersetzen

3. **Perspektiven**
   Verbesserungsmöglichkeiten

Zielvereinbarungen

4. **Gesprächsabschluss**

Resümee des Gespräches ziehen

Gespräch positiv abschließen

Durch Widerstände nicht irritieren lassen

Negative Einschätzungen Ihrerseits können leicht zu Widerständen beim Mitarbeiter führen, etwa zu

- **Verharmlosungen**

Bsp *So schlimm war das doch gar nicht.*

Das waren doch Einzelfälle.

- **Flüchten in die Opferrolle**

Bsp *Ich schaffe einfach bei den Kollegen keine besseren Ergebnisse.*

Sie wissen doch, dass ich immer wieder mit Arbeit zugeschüttet werde.

- **Vorbringen von Entschuldigungen**

Bsp *Das tut mir leid, das wird nicht mehr passieren.*

Ich hatte da aber auch keine gute Zeit.

- **Rechtfertigungen**

Bsp *Das sehe ich ganz anders.*

Das haben Sie falsch verstanden.

- **Drohungen**

Bsp Sie werden schon sehen, was Sie davon haben.

Das lasse ich mir nicht gefallen.

Gehen Sie auf solche Widerstände und Ausreden nicht ein. Lassen Sie dem Mitarbeiter aber Zeit, sich mit Ihrer Sicht und Ihrer Einschätzung auseinanderzusetzen. Dazu dienen auch Ihre **ausführlichen Begründungen**. Achten Sie darauf, wie Ihr Mitarbeiter reagiert, welche Einwände er hat, was seine Mimik und seine Gestik verrät. Fragen Sie nach, erkundigen Sie sich nach seiner Sicht der Dinge. Achten Sie darauf, dass Sie nicht ungeduldig werden.

Seien Sie offen und ehrlich.

Auch wenn es Ihnen manchmal schwerfällt, reden Sie nicht um den heißen Brei herum. Sagen Sie unumwunden, wo Sie Defizite sehen, aber auch, mit welchen Leistungen Sie zufrieden sind, welche Sie gar als bemerkenswert ansehen. Vermeiden Sie Verniedlichungen und Entschuldigungen.

Feedback in der richtigen Form geben

Ein Ziel eines Feedbackgesprächs ist, dass Ihr Mitarbeiter auch negative Einschätzungen aus Ihrer Sicht akzeptiert, keine Abwehrhaltung aufbaut, sondern die vorhandene Kritik annimmt und die Bereitschaft entwickelt, sein Verhalten zu ändern.

> Grundsätzlich sollten Sie beachten, dass Kritik für die meisten Menschen nur schwer anzunehmen ist.

Das ist nur dann möglich, wenn Ihr Mitarbeiter Ihr Feedback nicht als Angriff auf die eigene Person erlebt.

Bei Ihrer Einschätzung der Leistungen und des Verhaltens des Mitarbeiters kommt es nicht nur darauf an, was Sie an positiven Dingen herausstellen und was Sie an negativen Punkten benennen, sondern auch wie Sie dies tun.

Versuchen Sie, die Leistungen und das Verhalten neutral zu beschreiben. Greifen Sie dabei auf Ihre Beobachtungen und Aufzeichnungen zurück. Vermeiden Sie Aussagen über Charaktereigenschaften.

> Bsp *Sie sind ein vergesslicher Mensch. Viele Anträge haben Sie nicht korrekt bearbeitet.*

Diese Aussage beinhaltet eine Zuschreibung, eine Wertung. Wenn Sie sich darauf beschränken, das selbst beobachtete Verhalten zu beschreiben, ist die Aussage weniger pauschal und zeigt direkt **Möglichkeiten zur Veränderung** auf.

> Bsp *Beim Gegenzeichnen ist mir in der letzten Woche aufgefallen, dass Sie in einigen Anträgen vergessen haben, zu unterschreiben.*

Feedback in Sie-Form wie im ersten Beispiel führt schnell zu einer Verteidigungshaltung. Äußerungen wie *Da haben Sie einen Fehler gemacht* werden mit Recht oft als Angriff interpretiert. Die Folge ist eine **abwehrende Haltung**. Häufige Reaktion: Der Mitarbeiter nimmt eine Gegenposition ein:

Das können Sie doch gar nicht beurteilen.

Sicherlich kein guter Ausgangspunkt für das weitere Gespräch. Reden Sie von sich selbst:

Ich habe den Eindruck ...

Dann kann man über Unterschiede in der Auffassung reden, Ihr Gesprächspartner wird Ihre Sicht der Dinge viel eher akzeptieren.

Im zweiten Beispiel spricht der Vorgesetzte von sich selbst und seinen Eindrücken. Solch ein **Feedback in Ich-Form** macht die Subjektivität Ihrer Wahrnehmung deutlich.

Wenn Sie über Ihre **persönliche Sicht der Dinge** sprechen, über Ihre Einschätzungen, machen Sie dies bitte deutlich, um nicht zu Fehlinterpretationen Anlass zu geben.

Teilen Sie Ihre Wahrnehmungen als Wahrnehmungen, Ihre Vermutungen als Vermutungen mit. Sachverhalte sind etwas anderes als Meinungen, das eine sind überprüfbare Informationen, das andere subjektive Stellungnahmen.

> **Argumentieren Sie nicht gegen die Meinung Ihres Mitarbeiters.**
>
> Sie sollten während des Gesprächs darauf achten, dass Sie alle Vorstellungen, Einschätzungen und Vorschläge Ihres Mitarbeiters ohne Gegenargumente und erst recht ohne Kritik aufnehmen, egal wie viele Einwände Ihnen spontan dazu einfallen.

Worauf Sie ansonsten achten sollten:

- Zeigen Sie Perspektiven auf. Was zum Abschluss eines Gesprächs gesagt wird, bleibt im Gedächtnis der Beteiligten am besten haften. Deshalb sollten die **Entwicklungschancen** im Vordergrund stehen.

- Besprechen Sie mit dem Mitarbeiter, wie er seine Leistungen verbessern, wie er sein Verhalten positiver gestalten kann. Das Feedbackgespräch wird mit Zielvereinbarungselementen angereichert:
- Diskutieren Sie gemeinsam **Veränderungsmöglichkeiten.**
- Benennen Sie **hemmende und förderliche Faktoren.**
- Geben Sie Hilfestellung beim Abbau von Schwachstellen und bei der Förderung von Stärken.
- Münzen Sie dies in **konkrete Maßnahmen** um.
- Auf dem Gesprächsergebnis sollen und können dann später stattfindende Gespräche aufbauen.

Wichtig für ein offenes und partnerschaftliches Gespräch ist eine entsprechende **Gesprächsatmosphäre**. Diese Regeln werden als **Gesprächsförderer** bezeichnet. Bei Feedbackgesprächen ist deren Beachtung besonders wichtig.

Das Gespräch ist abgeschlossen, jetzt erfolgt die **Nachbereitung**. Die Nachbereitung gliedert sich in zwei Phasen, einen Rückblick und einen Ausblick. Beim **Rückblick** wird das Gespräch noch einmal gedanklich nachvollzogen:

- Wurden die Gesprächsziele erreicht?
- Haben Sie eine gemeinsame Sicht der Dinge gefunden?
- Fand das Gespräch in der gewünschten Atmosphäre statt?

Sollten Sie auf eine dieser Fragen mit „Nein" antworten müssen, überlegen Sie erstens bitte, was Sie beim nächsten Feedbackgespräch besser machen können und zweitens, ob Sie noch einmal auf den Mitarbeiter zugehen sollten, um die **Situation** zu **klären**.

Es folgt der **Ausblick**. Denken Sie bitte daran: Jedes Feedbackgespräch ist eine Chance zur Optimierung, nicht nur beim Mitarbeiter.

Wenn Sie Möglichkeiten entdecken, Ihr Gesprächsverhalten und die Gesprächsstrukturierung zu verbessern, machen Sie sich eine Notiz, für Ihr nächstes Feedbackgespräch.

Zusammenfassung

Bereiten Sie das Feedbackgespräch anhand Ihrer Aufzeichnungen vor.

Informieren Sie Ihren Mitarbeiter rechtzeitig über Ihren Wunsch, mit ihm ein Gespräch zu führen.

Sorgen Sie für einen gelungenen Einstieg ins Gespräch.

Zeigen Sie auch die positive Entwicklung auf.

Erläutern Sie Ihre Einschätzung, führen Sie Beispiele und Belege an.

Lassen Sie Ihren Mitarbeiter Stellung beziehen.

Beschreiben Sie die Grundlinien, verlieren Sie sich nicht in Kleinigkeiten.

Stellen Sie die kritischen Verhaltensweisen so genau wie möglich dar.

Belegen Sie Ihre Einschätzungen mit Beispielen.

Achten Sie auf konkrete Aussagen, die auf eigenen Beobachtungen beruhen.

Geben Sie Feedback in Ich-Form.

Erörtern Sie mit dem Mitarbeiter Verbesserungs- und Entwicklungsmöglichkeiten.

Bieten Sie dem Mitarbeiter Hilfe an.

Geben Sie am Ende eine Zusammenfassung aller Ergebnisse, Vereinbarungen und Termine.

Eröffnen Sie Ihrem Mitarbeiter Perspektiven.

Besprechen Sie Verbesserungsmöglichkeiten, vereinbaren Sie Ziele.

Sorgen Sie für einen positiven Gesprächsabschluss.

Bereiten Sie das Gespräch sorgfältig nach.

Was wollen Sie von den Hinweisen in diesem Kapitel umsetzen? Schreiben Sie sich bitte alle wichtigen Punkte auf. Nutzen Sie dazu die Umsetzungshilfe am Ende dieses Selbstlernkurses.

Lernkontrolle

Mit den folgenden Fragen können Sie in wenigen Minuten feststellen, ob Sie die wichtigsten Zusammenhänge verstanden haben.

1a Was versteht man unter intrinsischer Motivation?

- ☐ Motivation über Druck
- ☐ Motivation über Anreize
- ☐ Motivation über Strafen
- ☐ Motivation von innen

1b Welcher Motivator steht in der Bedürfnispyramide an oberster Stelle?

- ☐ Prestige
- ☐ Sicherheit
- ☐ Selbstverwirklichung
- ☐ Anerkennung

2a Was bedeutet der Begriff *instrumentalisierte Anerkennung*?

- ☐ Verknüpfung von Anerkennung mit Kritik
- ☐ Verknüpfung von Anerkennung mit Abwertung
- ☐ Verknüpfung von Anerkennung mit der Durchsetzung eigener Interessen
- ☐ Verknüpfung von Anerkennung mit Lob

2b Was verbirgt sich hinter der UVW-Formel?

- ☐ Umstand – Verhalten – Wirkung
- ☐ Ursache – Verhalten – Wirkung
- ☐ Ursache – Vorgehen – Wirkung
- ☐ Ursache – Vorteil – Wirkung

3a Welche beiden Reaktionen kommen bei innerer Kündigung vor?

- ☐ Aggression und Verweigerung
- ☐ Verweigerung und Sabotage
- ☐ Rückzug und Vermeidungshaltung
- ☐ Rückzug und Verweigerung

3b Der Rückzug bei innerer Kündigung ist für den Betroffenen erst einmal ...

- ☐ ... eine Enttäuschung
- ☐ ... eine Schutzhandlung
- ☐ ... eine Entlastung
- ☐ ... eine Konfliktvermeidungsstrategie

4a Ursachen von Fehlverhalten sind u. a.

- ☐ Frustration und Unvermögen
- ☐ Stress und fehlende Information
- ☐ Frustration und mangelnde Kommunikation
- ☐ Unvermögen und unzureichende Zusammenarbeit

4b Was sind die ersten drei Schritte bei einem Gespräch über das Fehlverhalten?

- ☐ Ursachen ermitteln – Lösungen erarbeiten – Maßnahmen vereinbaren
- ☐ Ursachen ermitteln – Lösungen erarbeiten – Unterstützung anbieten
- ☐ Fehlverhalten erkennen – Ursachen ermitteln – Auswirkungen verstehen
- ☐ Ursachen ermitteln – Auswirkungen verstehen – Lösungen erarbeiten

5a Welche Widerstände kommen in Feedbackgesprächen vor?

- ☐ Lob
- ☐ Verharmlosungen
- ☐ Anerkennung
- ☐ Hohe Erwartungen

5b Welche Feedback-Form verhindert, dass der andere sich angegriffen fühlt?

- ☐ Feedback in Du-Form
- ☐ Feedback in Ich-Form
- ☐ Feedback in Sie-Form
- ☐ Feedback in Man-Form

①	②
③	④

Die richtigen Antworten auf die Fragen lauten:

1a ④ 1b ③ 2a ③ 2b ① 3a ④ 3b ③ 4a ① 4b ③ 5a ② 5b ③

Fragen zum Verständnis

Die folgenden Fragen dienen zur Wiederholung und Vertiefung des Gelernten. Nehmen Sie sich zur Beantwortung dieser Fragen genügend Zeit.

1a Welche vier Grundmotive bestimmen unser Handeln?

1b Welche Regeln gelten für den Umgang mit Fehlern?

2a Warum sollten Sie Mitarbeitern die Gelegenheit geben, sich zu profilieren?

2b Warum sollten Sie beim Loben das Anspruchsniveau beachten?

3a Welche Folgen hat innere Kündigung?

3b Warum bedeutet eine innere Kündigung für den Betroffenen erst einmal eine Entlastung?

4a Was sind typische Ursachen für ein Fehlverhalten von Mitarbeitern?

4b Warum ist es wichtig, dass Sie bei Fehlverhalten positive Verhaltensweisen verstärken?

5a Warum sollten Sie beim Feedback unterschiedliche Meinungen nicht diskutieren?

5b Warum sind Widerstände bei Feedbackgesprächen fast schon normal?

Die Nummern vor den Fragen beziehen sich auf die Schritte im Heft.

Sollten Sie die Fragen nicht auf Anhieb beantworten können, lesen Sie vielleicht noch einmal die entsprechenden Passagen nach.

Umsetzungshilfe

1. Schreiben Sie sich alle wichtigen Punkte auf, die Sie umsetzen und ausprobieren wollen.
2. Formulieren Sie die Punkte so, dass sie möglichst konkret sind.
3. Gewichten Sie, welche Punkte Sie als Erstes in welcher Reihenfolge in Angriff nehmen wollen.
4. Notieren Sie sich eine Frist dazu.
5. Kontrollieren Sie, ob Sie den Punkt fristgerecht umgesetzt haben.

Priorität	**Merkposten**	**Termin**	**Kontrolle**
			☐
			☐
			☐
			☐
			☐
			☐
			☐
			☐
			☐
			☐
			☐
			☐
			☐
			☐
			☐
			☐
			☐
			☐

Das Gelernte umsetzen

Trotz guter Vorsätze: Nicht immer klappt es, das Gelernte im Arbeitsalltag umzusetzen. Deshalb einige Tipps für die Umsetzung:

1. **Mit dem Wichtigsten anfangen**

   Es gibt immer Dinge, die wichtiger sind als andere. Suchen Sie die wichtigen und dringlichen Punkte heraus und versuchen Sie, sie als Erstes umzusetzen.

2. **Nicht zu viel auf einmal**

   Zu viel sollten Sie sich nicht auf einmal vornehmen, sonst geht oft alles schief. Nehmen Sie sich einen oder zwei Punkte vor. Wenn Sie diese geschafft haben, kommen die nächsten dran.

3. **Geduld haben**

   Nicht immer gelingt alles beim ersten Mal. Manchmal ist ein zweiter Anlauf notwendig. Überlegen Sie, warum etwas nicht geklappt hat, und versuchen Sie, diese Faktoren auszuschalten.

4. **Oft geht es nur gemeinsam**

   Suchen Sie sich Kollegen, die ähnliche Ziele und Vorstellungen haben. Reden Sie mit ihnen über Ihr Vorhaben. Gemeinsam lassen sich neue Ideen meist besser umsetzen.

5. **Belohnen**

   Seien Sie stolz auf sich, wenn Ihnen eine Änderung gelungen ist. Das ist nicht selbstverständlich. Am besten belohnen Sie sich mit einer Kleinigkeit. Dann steigt auch die Motivation, den nächsten Punkt anzugehen.

Sich mit anderen austauschen

Sie haben die Möglichkeit, mit anderen Teilnehmern in Kontakt zu treten und Ihre Erfahrungen beim Lernen und bei der Umsetzung des Gelernten auszutauschen. Dazu haben wir speziell für Sie Foren im Internet eingerichtet.

Wählen Sie dazu unter www.transfer-online.de den Link „Foren".

In den Foren können Sie

- Sich mit anderen Teilnehmern austauschen
- Fragen stellen
- Häufig gestellte Fragen und zugehörige Antworten einsehen
- Mit einem Betreuer Kontakt aufnehmen
- Weitere Informationen zum Thema abrufen, Tests mitmachen, Denksportaufgaben lösen und anderes mehr.

Ihre Erfahrungen weitergeben

Vielleicht haben Sie zum Thema eigene Erfahrungen gesammelt, die Sie gerne an andere Teilnehmer weitergeben möchten, vielleicht haben Sie auch noch den einen oder anderen Fehler im Text gefunden. Teilen Sie dies uns mit.

Dankbar wären wir auch für Hinweise, welche wichtigen Themen Ihnen bei den Kursen noch fehlen.

Wir freuen uns über Ihre E-Mail an info@transfer-online.de

Literatur

De Micheli, Marco	Nachhaltige und wirksame Mitarbeitermotivation, Zürich 2006
Faller, Michael	Innere Kündigung. Ursachen und Folgen, München 1991
Fraundorfer, Robert	Motivationssteigerung und Ergebnisverbesserung des Unternehmens durch Sabbatical, Hamburg 2006
Gostick, Adrian Robert	Führen mit Möhren, Weinheim 2006
Höhn, Reinhard	Die innere Kündigung im Unternehmen. Ursachen – Folgen, Bad Harzburg 1983
Loffing, Christian	Mitarbeitermotivation leicht gemacht, Stuttgart 2006
Lundin, Stephen C.	Fish! for life, München 2006
Roth, André	Motivation und Führung von Mitarbeitern, Hamburg 2006
Scheffer, David	Erfolgreich motivieren, Göttingen 2006
Toman, Stefanie	Work-Life-Balance als ein Aspekt der Mitarbeitermotivation, Aachen 2006

Stichwortverzeichnis

U

V

Z

Glossar

A

Anerkennung	Positive Rückmeldung von anderen zu Leistungen und Verhalten
Arbeitsklima	Qualität der Zusammenarbeit in einem Team

B

Bedürfnispyramide	Systematik von Beweggründen, die nach Maslow die Motivation von Menschen bedingen
Bequemlichkeit	Grundbedürfnis des Menschen, auf der Bedürfnispyramide mit Bequemlichkeit auf der unteren Stufe
Beweggründe	Motive, die das Handeln eines Menschen beeinflussen

D

Demotivation	Abnahme der Motivation durch äußere Einflüsse oder Veränderung der Einstellung

E

Einstellung	Feststehende Meinung gegenüber einer Person oder einer Sache, die sich auf Grund von Vorerfahrungen und übernommenen Glaubenssätzen gebildet hat
Erlebnismuster	Erlebnismuster sind im Unbewussten gespeichert und werden in der betreffenden Situation automatisch herangezogen.
extrinsische Motivation	Motivation von außen, durch Druck, um Vorteile zu erreichen

F

Feedback	Rückmeldung zur Leistung oder zum Verhalten

G

Grundbedürfnisse	Grundbedürfnisse sind nach Maslow die Bedürfnisse nach Schlaf, nach Essen, nach Trinken, nach Sexualität.

H

Hygienefaktoren	Hygienefaktoren sind nach Herzberg Faktoren, die Unzufriedenheit bei Menschen hervorrufen.

M

Motivationsstruktur	Zusammenspiel der Art und der Ausprägung von Einzelmotiven, die die spezifische Motivation eines Menschen in einer bestimmten Situation ausmacht
Motivatoren	Motive, die uns Antrieb geben und unser Handeln, unsere Entscheidungen beeinflussen
Motive	Beweggründe, aus denen sich die Motivation eines Menschen zusammen setzt

O

Opferrolle	Rolle, die zu einer Lähmung der Handlungsfähigkeit einer Person führt

P

Prestige	Grundbedürfnis von Menschen, neben Selbstentfaltung, Anerkennung, Sicherheit und Bequemlichkeit

S

Selbst-verwirklichung	Bemühen von Menschen, ihre individuellen Bedürfnisse und Werte auszuleben
Sicherheit	Grundbedürfnis des Menschen
Soziale Bedürfnisse	Bedürfnis des Menschen nach Gemeinschaft, nach Anerkennung durch andere